W0217001

1

− 7 →	
38	
27	
46	
51	

2

58 + 4 = ___ 46 + 7 = ___
86 + 9 = ___ 27 + 8 = ___
19 + 7 = ___ 63 + 9 = ___

3

− 9 →	
88	
52	
36	
97	

4

+	60	50	30
30			
38			

5

−	30	40	80
90			
92			

6

36 − 8 = ___ 36 − 9 = ___
37 − 8 = ___ 37 − 9 = ___
38 − 8 = ___ 38 − 9 = ___

7

46 + 5 = ___ 68 + 7 = ___
56 + 5 = ___ 78 + 7 = ___
66 + 5 = ___ 88 + 7 = ___

8

7 · 4 = ___
5 · 9 = ___
8 · 6 = ___
3 · 9 = ___

9

42 : 7 = ___
81 : 9 = ___
32 : 4 = ___
45 : 5 = ___

Welt der Zahl 3, Arbeitsheft · 978-3-507-04613-9

Addieren und Subtrahieren zweistelliger Zahlen

zu den Seiten 8/9

1 Wie rechnest du die Aufgabe 47 + 38?

2 a) 34 + 37 = ___
47 + 42 = ___
28 + 54 = ___
48 + 34 = ___
69 + 23 = ___

b) 35 + 38 = ___
17 + 65 = ___
78 + 17 = ___
37 + 37 = ___
44 + 47 = ___

3 a) 36 + 17 = ___
46 + 17 = ___
56 + 17 = ___
___ + ___ = ___
___ + ___ = ___

b) 14 + 23 = ___
24 + 33 = ___
34 + 43 = ___
___ + ___ = ___
___ + ___ = ___

c) 62 + 16 = ___
52 + 26 = ___
42 + 36 = ___
___ + ___ = ___
___ + ___ = ___

4 a) 43 + 29 = ___
55 + 39 = ___
64 + 18 = ___

b) 59 + 18 = ___
19 + 63 = ___
29 + 54 = ___

c) 49 + 21 = ___
13 + 37 = ___
44 + 36 = ___

d) 28 + 32 = ___
36 + 54 = ___
65 + 35 = ___

50 60 70 72 74 77 80 82 82 83 90 94 100

5 Wie rechnest du die Aufgabe 63 – 35?

6 a) 86 – 48 = ___
93 – 56 = ___
82 – 36 = ___
61 – 28 = ___
74 – 37 = ___

b) 95 – 38 = ___
72 – 53 = ___
64 – 36 = ___
43 – 27 = ___
86 – 48 = ___

7 a) 32 – 15 = ___
42 – 25 = ___
52 – 35 = ___
___ – ___ = ___
___ – ___ = ___

b) 93 – 58 = ___
83 – 47 = ___
73 – 36 = ___
___ – ___ = ___
___ – ___ = ___

c) 53 – 24 = ___
64 – 35 = ___
75 – 46 = ___
___ – ___ = ___
___ – ___ = ___

8 a) 58 – 29 = ___
95 – 69 = ___
84 – 49 = ___

b) 86 – 39 = ___
44 – 19 = ___
63 – 49 = ___

c) 67 – 39 = ___
74 – 29 = ___
72 – 69 = ___

d) 52 – 19 = ___
67 – 59 = ___
88 – 69 = ___

3 8 14 19 25 26 28 29 33 34 35 45 47

9 a) Die Zahl ist um 16 größer als 25.
___

b) Die Zahl ist doppelt so groß wie 39.
___

c) Die Zahl ist um 58 kleiner als 92.
___

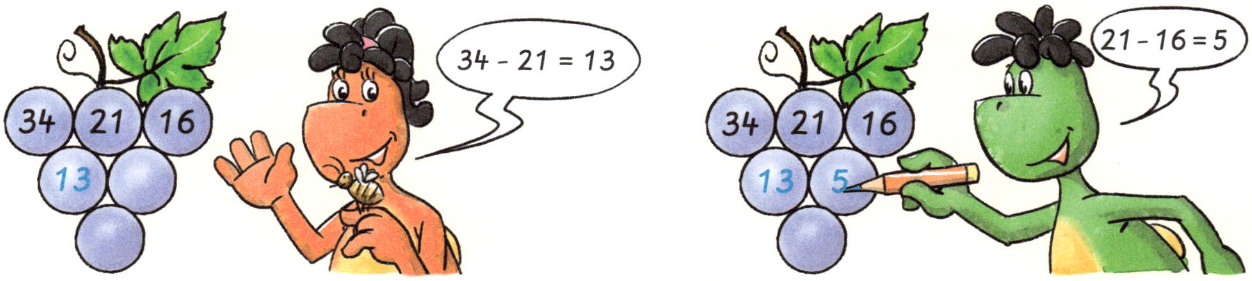

1

2

3

e) Oben in der Mitte immer ____________________, unten immer ____________________.

4

Welt der Zahl 3, Arbeitsheft · 978-3-507-04613-9

Name

zu Seite 11

1 Welche Fragen kannst du beantworten?

Wie viele Mädchen sind in der Klasse 3b?
_____ Mädchen

Wie viele Jungen sind in der Klasse 3b?
_____ Jungen

Wie viele Zwillinge sind in der Klasse 3c?
_____ Zwillinge

Sind in der Klasse 3c mehr oder weniger Jungen als in der Klasse 4a?
______________ Jungen

2 Wie viele Kinder sind in der Klasse 3b?

L:

A: _____ Kinder sind in der Klasse 3b.

3 Wie viele Kinder sind in der Klasse 3c?

L:

A: _____ Kinder sind in der Klasse 3c.

4 Wie viele Mädchen sind im 3. Schuljahr?

L:

5 Wie viele Jungen sind im 4. Schuljahr?

6 Wie viele Mädchen sind im 3. und 4. Schuljahr zusammen?

7 Wie viele Jungen sind im 3. und 4. Schuljahr zusammen?

Multiplizieren

1 Schreibe zu jedem Punktefeld zwei Multiplikationsaufgaben.

a) 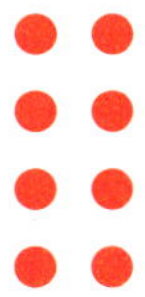

b) 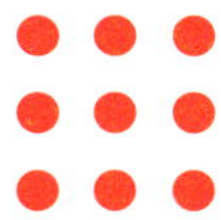

c) 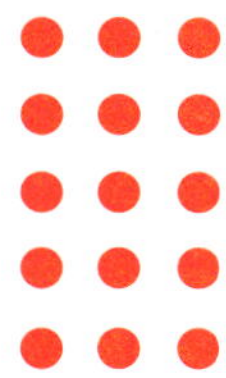

d) 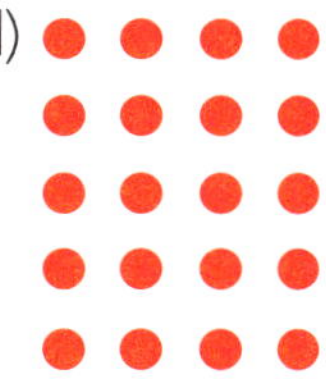

e) 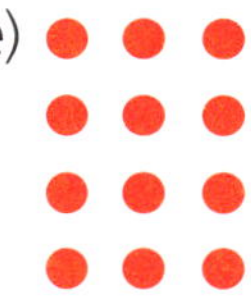

2 Von den Sonnenaufgaben zu den Nachbaraufgaben.

a) ☀ 5 · 6 = ___
6 · 6 = ___
7 · 6 = ___

b) ☀ 2 · 7 = ___
3 · 7 = ___
4 · 7 = ___

c) ☀ 10 · 8 = ___
9 · 8 = ___
7 · 8 = ___

d) ☀ 5 · 9 = ___
4 · 9 = ___
3 · 9 = ___

3 Von den Quadratzahlen zu den Nachbaraufgaben.

a) ☀ 5 · 5 = ___
6 · 5 = ___
4 · 5 = ___

b) ☀ 6 · 6 = ___
5 · 6 = ___
7 · 6 = ___

c) ☀ 8 · 8 = ___
7 · 8 = ___
9 · 8 = ___

d) ☀ 7 · 7 = ___
6 · 7 = ___
8 · 7 = ___

4

a) 5 · 7 = ___
9 · 3 = ___
6 · 8 = ___

b) 4 · 8 = ___
7 · 6 = ___
5 · 9 = ___

c) 3 · 5 = ___
8 · 7 = ___
9 · 4 = ___

d) 6 · 9 = ___
5 · 8 = ___
7 · 3 = ___

5

a)

·	2	4	6
2			
6			

b)

·	4	6	9
5			
9			

c)

·	5		7
	0		
7		56	

6 Schreibe Multiplikationsaufgaben.

a) 8 = 2 · 4
6 = ___
10 = ___

b) 21 = ___
42 = ___
35 = ___

c) 49 = ___
56 = ___
72 = ___

d) 48 = ___
15 = ___
81 = ___

7

a) 20 + 4 · 6 = ___
20 + 24 = 44

b) 50 − 3 · 9 = ___
___ = ___

c) 40 + 5 · 5 = ___
___ = ___

d) 100 − 9 · 8 = ___
___ = ___

Welt der Zahl 3, Arbeitsheft · 978-3-507-04613-9

Dividieren

Name

zu Seite 13

1 Schreibe zu jedem Bild eine Divisionsaufgabe und eine Multiplikationsaufgabe.

a) 20 Äpfel, immer 4 Äpfel in ein Netz

___ : ___ = ___

___ · ___ = ___

b) 18 Nüsse, immer 3 Nüsse in eine Dose

___ : ___ = ___

___ · ___ = ___

2 Verteile die 24 Bonbons gerecht.

a) an 3 Kinder 24 : 3 = ______________

b) an 8 Kinder ______________

c) an 6 Kinder ______________

d) an 4 Kinder ______________

e) an 2 Kinder ______________

3 Schreibe auch die Multiplikationsaufgabe.

a) 20 : 4 = ___
____

b) 35 : 5 = ___
____

c) 63 : 9 = ___
____

d) 56 : 7 = ___
____

e) 45 : 5 = ___
____

f) 28 : 7 = ___
____

g) 36 : 6 = ___
____

h) 18 : 3 = ___
____

4 Dividieren mit Rest.

a) 21 : 5 = __ R __
__ · 5 + __ = 21

b) 18 : 5 = __ R __
__ · 5 + __ = 18

c) 27 : 5 = __ R __
__ · 5 + __ = 27

5 Dividieren mit Rest.

a) 30 : 4 = ______
38 : 4 = ______

b) 34 : 8 = ______
50 : 8 = ______

c) 40 : 6 = ______
62 : 6 = ______

d) 54 : 7 = ______
40 : 7 = ______

6 Punktrechnung geht vor Strichrechnung.

a) 20 – 8 : 2 = ___
______________ = ______

b) 40 + 50 : 10 = ___
______________ = ______

c) 60 – 40 : 5 = ___
______________ = ______

1 Welche Zahlen sind es? Trage sie in die Ballons ein.

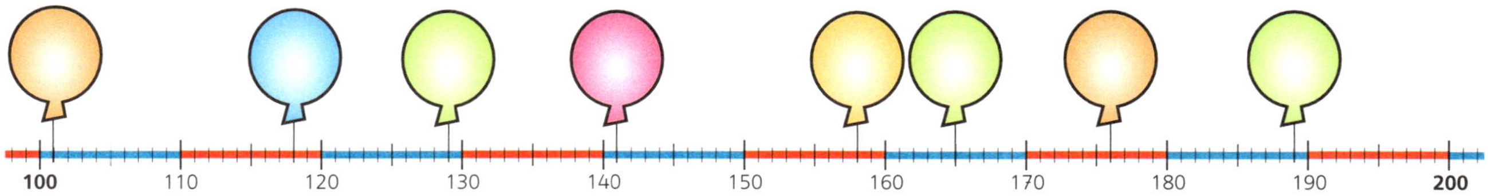

2 Vor und zurück zur nächsten Zehnerzahl.

a) 163 + ___ = 170
163 − ___ = ___

b) 127 + ___ = ___
127 − ___ = ___

c) 146 + ___ = ___
146 − ___ = ___

d) 135 + ___ = ___
135 − ___ = ___

e) 152 + ___ = ___
152 − ___ = ___

f) 174 + ___ = ___
174 − ___ = ___

3 Kleiner oder größer? Setze ein: ⧀ oder ⧁

a) 74 ◯ 47
83 ◯ 38
65 ◯ 50

b) 117 ◯ 171
136 ◯ 163
198 ◯ 189

c) 140 ◯ 104
152 ◯ 125
102 ◯ 200

d) 156 ◯ 165
106 ◯ 160
112 ◯ 121

4 Wie geht es weiter? Schreibe die nächsten fünf Zahlen auf.

a) Regel: Immer + 7: 100, 107, ___ , ___ , ___ , ___ , ___
Regel: Immer + 4: 137, 141, ___ , ___ , ___ , ___ , ___
Regel: Immer + 9: 144, 153, ___ , ___ , ___ , ___ , ___

b) Regel: Immer − 6: 152, 146, ___ , ___ , ___ , ___ , ___
Regel: Immer − 8: 163, 155, ___ , ___ , ___ , ___ , ___
Regel: Immer − 3: 198, 195, ___ , ___ , ___ , ___ , ___

5 Ordne der Größe nach. Beginne mit der kleinsten Zahl.

103 126 162 113 198 189 89 130

___ < ___ < ___ < ___ < ___ < ___ < ___ < ___

6
a) 197 + 6 = ___
195 + 8 = ___

b) 194 + 8 = ___
198 + 7 = ___

c) 196 + 4 = ___
196 + 8 = ___

d) 199 + 5 = ___
197 + 8 = ___

7
a) 200 − 3 = ___
200 − 5 = ___

b) 200 − 8 = ___
203 − 6 = ___

c) 200 − 5 = ___
203 − 7 = ___

d) 205 − 9 = ___
201 − 8 = ___

8
a) 70 + 20 = ___
70 + 40 = ___

b) 90 + 40 = ___
90 + 60 = ___

c) 80 + 50 = ___
80 + 80 = ___

d) 60 + 80 = ___
60 + 60 = ___

9
a) 150 − 60 = ___
110 − 80 = ___

b) 130 − 70 = ___
140 − 80 = ___

c) 130 − 50 = ___
120 − 60 = ___

d) 120 − 70 = ___
120 − 30 = ___

Welt der Zahl 3, Arbeitsheft · 978-3-507-04613-9

Hunderter, Zehner, Einer

Name

zu Seite 17

1 Geheimschrift! Wie heißen die Zahlen?

 ______

 ______

 ______

2 Schreibe die Zahlen in Geheimschrift.

254	316	107

3 Welche Zahlen sind es?

a) 4 H + 3 Z + 8 E = ______
7 H + 2 Z + 9 E = ______
3 H + 4 Z + 5 E = ______

b) 5 H + 7 E = ______
6 H + 3 E = ______
7 H + 8 E = ______

c) 3 H + 8 Z + 4 E = ______
2 H + 4 Z + 1 E = ______
5 H + 9 Z = ______

4

a) 200 + 40 + 7 = ______
700 + 10 + 9 = ______
900 + 90 + 9 = ______

b) 600 + 30 + 9 = ______
800 + 90 + 8 = ______
700 + 50 + 6 = ______

c) 500 + 7 = ______
400 + 80 = ______
100 + 20 + 7 = ______

5 Zerlege in Hunderter, Zehner und Einer.

a) 543 = 5 H + 4 Z + ______
788 = ______

b) 360 = ______
837 = ______

c) 603 = ______
530 = ______

6 Zerlege die Zahlen.

a) 246 = 200 + 40 + ______
462 = ______

b) 572 = ______
725 = ______

c) 480 = ______
804 = ______

7 Wie heißen diese Zahlen?

a) 17 E = ____ Z + ____ E = ______
39 E = ____ Z + ____ E = ______
82 E = ____ Z + ____ E = ______

b) 36 Z = ____ H + ____ Z = ______
74 Z = ____ H + ____ Z = ______
95 Z = ____ H + ____ Z = ______

8 Kluge Köpfe kennen auch diese Zahlen.

a) 4 Z + 18 E = ______
7 Z + 21 E = ______
8 Z + 20 E = ______

b) 14 Z + 9 E = ______
57 Z + 2 E = ______
60 Z + 3 E = ______

c) 3 H + 13 Z = ______
4 H + 15 Z = ______
9 H + 10 Z = ______

58 85 91 100 149 430 550 572 603 1000

Name

zu den Seiten 18–20

Welt der Zahl 3, Arbeitsheft · 978-3-507-04613-9

1 Plättchen in der Stellentafel: Wie heißen die Zahlen?

a) 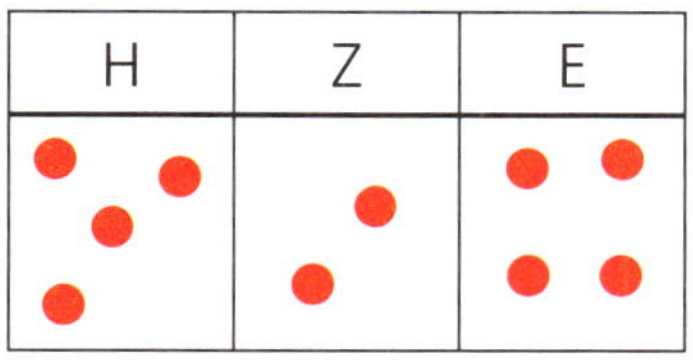

____

b) 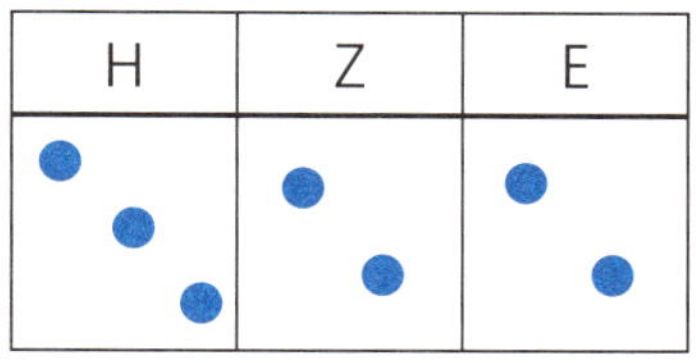

____

c) 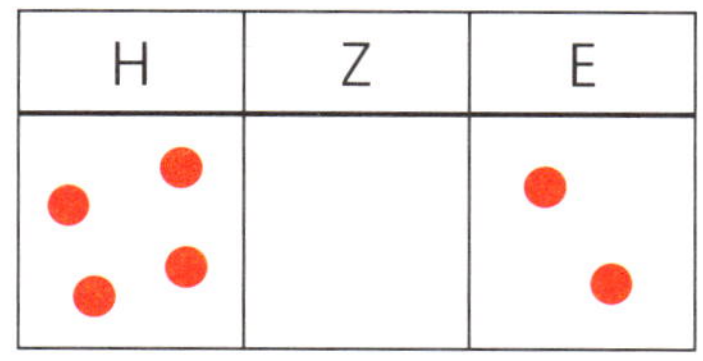

____

2 Male die Plättchen in die Stellentafel. Wie viele Plättchen sind es jedes Mal? ________

a)

H	Z	E

517

b)

H	Z	E

715

c)

H	Z	E

157

d)

H	Z	E

751

e)

H	Z	E

571

f)

H	Z	E

175

3 Ria hat eine Zahl in der Stellentafel gelegt.

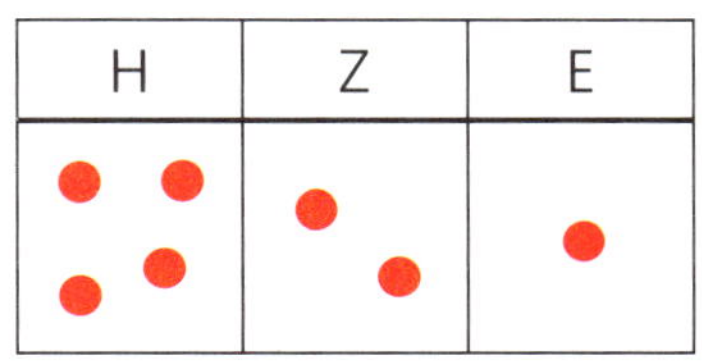

a) Wie heißt die Zahl? ______

b) Lege zwei Plättchen dazu. Welche Zahlen kannst du erhalten?

____

c) Nimm zwei Plättchen weg. Welche Zahlen kannst du erhalten?

____

4 Wie heißt die Quersumme der Zahlen?

a)

Zahl	Quersumme
273	
817	
187	
718	

b)

Zahl	Quersumme
698	
799	
808	
111	

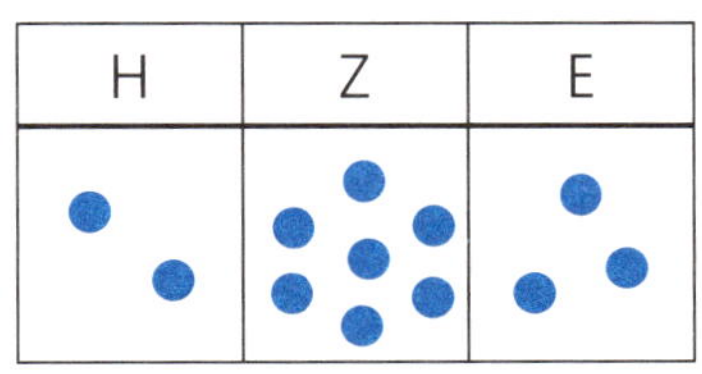

5 Schreibe immer fünf dreistellige Zahlen auf

a) mit der Quersumme 14,

_____ _____ _____ _____ _____

b) mit der Quersumme 23,

_____ _____ _____ _____ _____

c) mit der Quersumme 20,

_____ _____ _____ _____ _____

d) mit der Quersumme 24.

_____ _____ _____ _____ _____

Zahlenblick schärfen

Name

zu Seite 21

1 Schreibe zu jeder Geheimschrift die passende Aufgabe.

a) 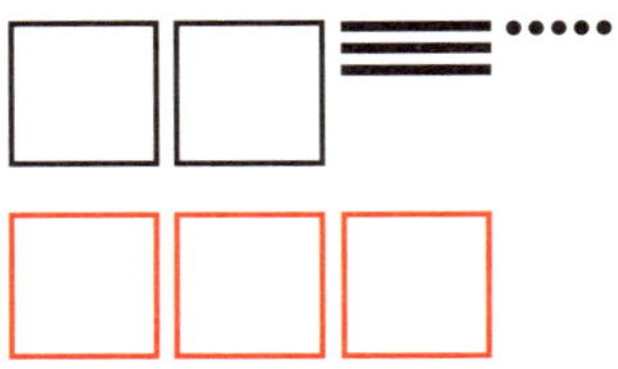

235 + 300 = ______

b) 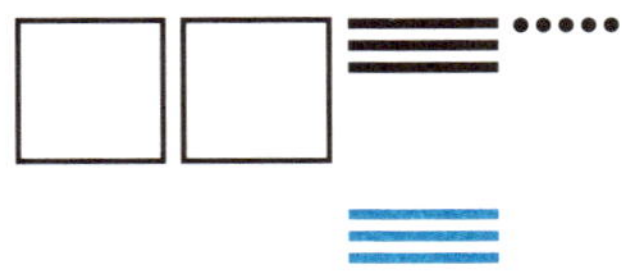

______

c) 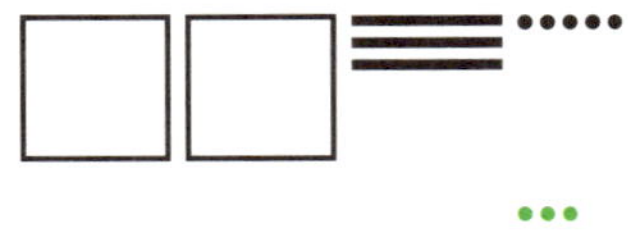

______

2 a) 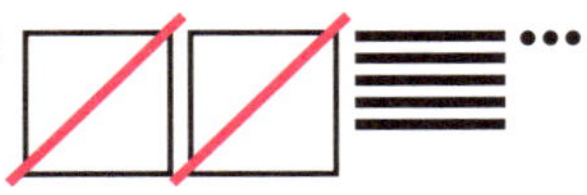

253 – 200 = ______

b) 

______

c) 

______

3

a) 563 + 300 = ____
563 + 30 = ____
563 + 3 = ____

b) 446 + 400 = ____
446 + 40 = ____
446 + 4 = ____

c) 523 + 200 = ____
523 + 20 = ____
523 + 2 = ____

450 486 525 543 550 566 593 723 846 863

4

a) 663 – 300 = ____
663 – 30 = ____
663 – 3 = ____

b) 446 – 400 = ____
446 – 40 = ____
446 – 4 = ____

c) 623 – 200 = ____
623 – 20 = ____
623 – 2 = ____

46 363 406 423 433 442 603 621 633 660

5 Setze die Zahlenfolgen fort.
Gib die Regel an, nach der die Zahlenfolgen gebildet sind.

a) 104, 204, 304, ____, ____, ____, 704 Regel: Immer + ______
b) 837, 847, 857, ____, ____, ____, 897 Regel: Immer ______
c) 502, 492, 482, ____, ____, ____, 442 Regel: Immer ______
d) 703, 706, 709, ____, ____, ____, 721 Regel: Immer ______
e) 955, 855, 755, ____, ____, ____, 355 Regel: Immer ______

6 Jetzt wird es komplizierter.

a) 202, 302, 307, 407, ____, ____, 517 Regel: Erst + ____ dann ____
b) 707, 607, 606, 506, ____, ____, 404 Regel: Erst ____ dann ____
c) 301, 331, 334, 364, ____, ____, 400 Regel: Erst ____ dann ____
d) 625, 620, 420, 415, ____, ____, 10 Regel: Erst ____ dann ____
e) 205, 305, 325, 425, ____, ____, 565 Regel: Erst ____ dann ____

601				
631				
641				

				610
				630
				640
				650

651				
661				
681				
691				

				680
				700

1 Trage alle Zahlen ein,
a) die eine 4 an der Einerstelle haben,
b) die eine 7 an der Einerstelle haben,
c) die an der Einerstelle oder an der Zehnerstelle eine 2 haben,
d) die mindestens zwei gleiche Ziffern haben.

2 Trage ein:
a) sechshundertneun
b) sechshundertdreiundsiebzig
c) sechshundertfünfunddreißig
d) sechshundertneunundachtzig

3 Zeige die Plätze der Zahlen. Setze die Reihen fort und gib die Regel an.

a) 612, 622, 632, ____, ____, ____, ____, 682 Regel: Immer ________
b) 603, 605, 607, ____, ____, ____, ____, 617 Regel: Immer ________
c) 697, 687, 677, ____, ____, ____, ____, 627 Regel: Immer ________

4 Welche Zahlen fehlen?

a)

	653	

b)

	627	

c)

688		

d)

633		

e)

	327	

f)

		440

g)

	949	

h)

		400

5 a) Starte immer bei 625 und gehe
zwei Schritte nach rechts: ____
zwei Schritte nach unten: ____
zwei Schritte nach oben: ____

b) Starte immer bei 754 und gehe
drei Schritte nach links: ____
zwei Schritte nach oben: ____
vier Schritte nach rechts: ____

Welt der Zahl 3, Arbeitsheft · 978-3-507-04613-9

Zahlenstrahl bis 1000

Name

zu den Seiten 24/25

1 Welche Zahlen sind es? Trage sie in die Ballons ein.

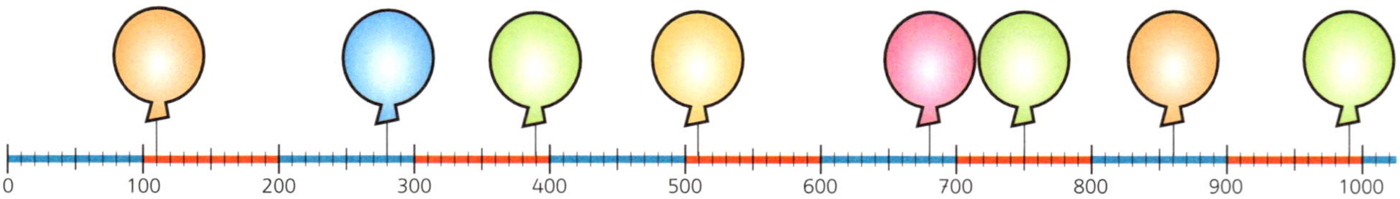

2 Zeige am Zahlenstrahl. Rechne vor und zurück zu den beiden Nachbarhundertern.

a) 320 + ___ = 400
320 − ___ = 300

b) 470 + ___ = ____
470 − ___ = ____

c) 740 + ___ = ____
740 − ___ = ____

d) 585 + ___ = ____
585 − ___ = ____

e) 835 + ___ = ____
835 − ___ = ____

f) 699 + ___ = ____
699 − ___ = ____

3 Welche Zahlen sind es? Trage sie in die Ballons ein.

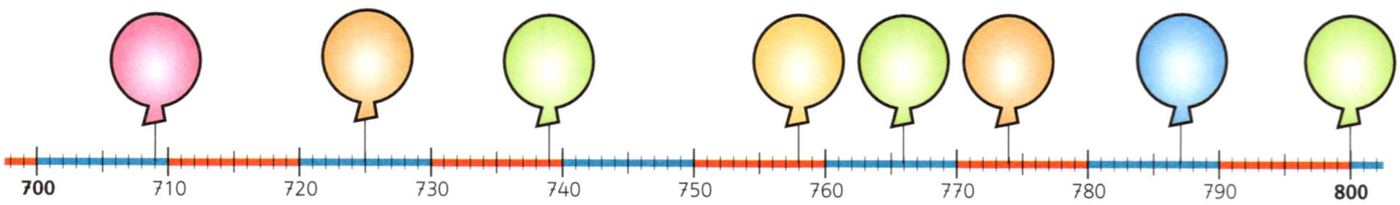

4 Zeichne: ~~808~~, 819, 831, 847, 859, 872, 888, 899

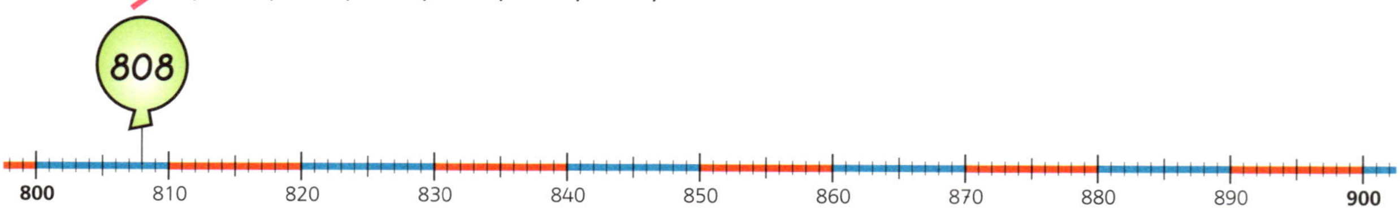

5 Zeige am Zahlenstrahl. Rechne vor und zurück zu den beiden Nachbarzehnern.

a) 834 + ___ = 840
834 − ___ = 830

b) 857 + ___ = ____
857 − ___ = ____

c) 892 + ___ = ____
892 − ___ = ____

d) 585 + ___ = ____
585 − ___ = ____

e) 835 + ___ = ____
835 − ___ = ____

f) 699 + ___ = ____
699 − ___ = ____

6 Kleiner oder größer? Setze ein: ⧀ oder ⧁

a) 321 ◯ 312
486 ◯ 468
357 ◯ 375

b) 643 ◯ 436
584 ◯ 854
845 ◯ 745

c) 458 ◯ 457
803 ◯ 804
916 ◯ 915

d) 246 ◯ 346
799 ◯ 800
401 ◯ 400

7 Ordne der Größe nach. Beginne mit der kleinsten Zahl.

763 637 736 367 307 603 630 370

____ < ____ < ____ < ____ < ____ < ____ < ____ < ____

Welt der Zahl 3, Arbeitsheft · 978-3-507-04613-9

1 Was passt zusammen? Färbe die Körper und die Zettel in der gleichen Farbe. Immer drei passen zusammen.

Keine Ecke, keine Kante

Kegel

Pyramide

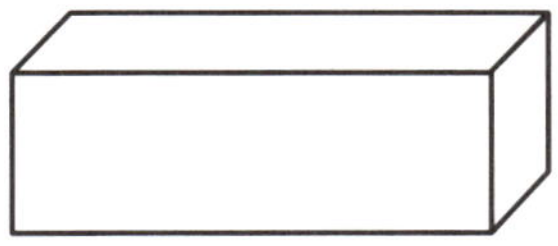

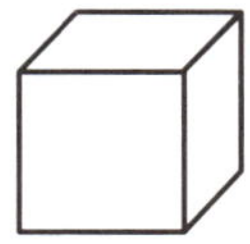

Kugel

Sechs gleich große Flächen

Fünf Ecken

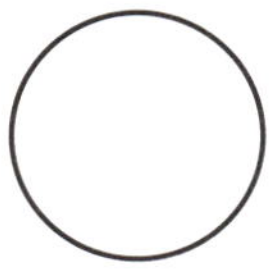

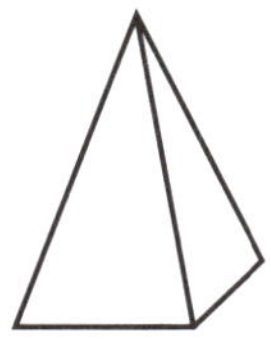

Würfel

Quader

Sechs Flächen, zwei sind immer gleich

Eine Kante

Zylinder

Keine Ecken, aber zwei Kanten

2 Ordne die Gegenstände den Körpern zu. Verbinde.

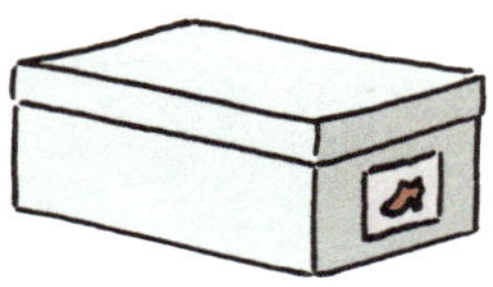

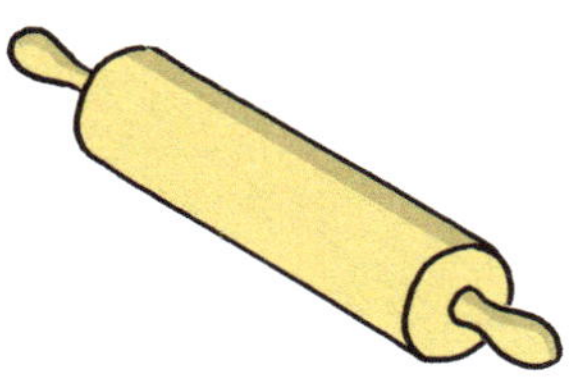

Quader

Pyramide

Zylinder

Kegel

Kugel

Würfel

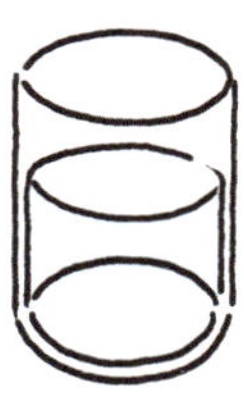

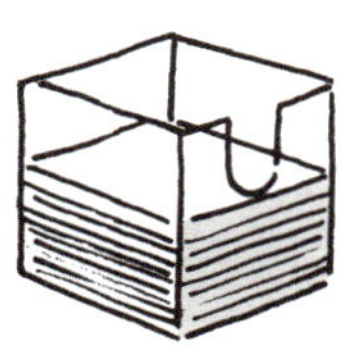

Rechnen in einem Hunderter

Name

zu den Seiten 30/31

1 Wie rechnest du?

a) 345 + 37 b) 438 + 46 c) 653 + 38

3 4 5 + 3 7 = 4 3 8 + 4 6 = 6 5 3 + 3 8 =

2 Alle Ergebnisse haben die Quersumme 11.

a)	b)	c)	d)
415 + 19 = ____	7 + 607 = ____	225 + 47 = ____	24 + 419 = ____
218 + 27 = ____	21 + 440 = ____	408 + 8 = ____	227 + 36 = ____
331 + 22 = ____	22 + 205 = ____	19 + 604 = ____	612 + 20 = ____
513 + 38 = ____	17 + 345 = ____	25 + 337 = ____	317 + 36 = ____

3

a)	b)	c)	d)
239 + 35 = ____	546 + 39 = ____	349 + 29 = ____	49 + 429 = ____
569 + 27 = ____	377 + 18 = ____	38 + 347 = ____	227 + 59 = ____
423 + 39 = ____	719 + 46 = ____	59 + 701 = ____	518 + 43 = ____

274 286 378 385 395 462 478 561 576 585 596 760 765

4 Wie rechnest du?

a) 483 – 37 b) 372 – 48 c) 764 – 26

4 8 3 – 3 7 = 3 7 2 – 4 8 = 7 6 4 – 2 6 =

5 Alle Ergebnisse haben die Quersumme 13.

a)	b)	c)	d)
392 – 37 = ____	783 – 77 = ____	582 – 65 = ____	381 – 62 = ____
862 – 48 = ____	483 – 20 = ____	362 – 34 = ____	590 – 55 = ____
589 – 54 = ____	382 – 36 = ____	968 – 46 = ____	879 – 29 = ____
483 – 56 = ____	591 – 29 = ____	561 – 44 = ____	791 – 58 = ____

6

a)	b)	c)	d)
475 – 39 = ____	962 – 29 = ____	779 – 33 = ____	688 – 48 = ____
684 – 59 = ____	753 – 49 = ____	999 – 69 = ____	479 – 59 = ____
973 – 28 = ____	684 – 79 = ____	471 – 48 = ____	795 – 77 = ____

420 423 436 605 625 640 646 704 718 746 930 933 945

1 Wie rechnest du?

a) 380 + 70 b) 460 + 80 c) 776 + 50

2

a)

+ 60 →	
250	
550	
750	
450	

b)

+ 50 →	
180	
380	
880	
480	

c)

+ 80 →	
340	
640	
740	
240	

d)

+ 70 →	
268	
568	
468	
768	

e)

+ 90 →	
428	
628	
928	
728	

230 310 320 338 420 430 510 518 530 538 610 638 718 720 810 818 820 838 930 940 1018

3

a)
380 + 50 = ____
381 + 50 = ____
387 + 50 = ____
387 + 56 = ____

b)
60 + 470 = ____
65 + 470 = ____
65 + 479 = ____
69 + 479 = ____

c)
570 + 70 = ____
570 + 73 = ____
575 + 73 = ____
575 + 79 = ____

4

a)

+	30	35	75
540			
275			

b)

+	80	88	38
450			
455			

c)

+	90	89	99
668			
468			

305 310 350 488 493 530 535 538 543 557 558 567 570 575 598 615 757 758 767

5

a)
346 + 60 = ____
356 + 60 = ____
366 + 60 = ____
____ + ____ = ____
____ + ____ = ____

b)
466 + 24 = ____
466 + 44 = ____
466 + 64 = ____
____ + ____ = ____
____ + ____ = ____

c)
240 + 72 = ____
250 + 62 = ____
260 + 52 = ____
____ + ____ = ____
____ + ____ = ____

Welt der Zahl 3, Arbeitsheft · 978-3-507-04613-9

Subtrahieren über den Hunderter

Name

zu den Seiten 34/35

1 Wie rechnest du?

a) 340 – 70 b) 346 – 70 c) 340 – 76

2

a)

– 50 →	
330	
530	
830	
430	

b)

– 40 →	
420	
920	
620	
720	

c)

– 60 →	
250	
	590
	790
	390

d)

– 90 →	
540	
	740
	270
630	

190 280 360 380 380 450 450 480 540 580 650 680 780 830 850 880 950

3

a) 930 – 50 = ____
932 – 50 = ____
930 – 52 = ____

b) 650 – 80 = ____
653 – 80 = ____
650 – 83 = ____

c) 260 – 90 = ____
260 – 98 = ____
268 – 90 = ____

d) 310 – 40 = ____
310 – 44 = ____
314 – 40 = ____

4

a)

–	50	70	76
440			
442			

b)

–	40	47	17
710			
713			

c)

–		70	76
650	600		
		173	

50 167 193 243 364 366 370 372 390 392 474 574 580 663 666 670 673 693 696

5

a)
555 – 70 = ____
545 – 60 = ____
535 – 50 = ____
____ – ____ = ____
____ – ____ = ____

b)
330 – 94 = ____
340 – 84 = ____
350 – 74 = ____
____ – ____ = ____
____ – ____ = ____

c)
910 – 92 = ____
910 – 72 = ____
910 – 52 = ____
____ – ____ = ____
____ – ____ = ____

6

a)

b)

c)

Übungen zum Addieren und Subtrahieren

Name

zu den Seiten 36/37

1

a) 357 + 78 = ____
486 + 65 = ____
568 + 68 = ____

b) 67 + 575 = ____
83 + 759 = ____
75 + 345 = ____

c) 430 – 80 = ____
434 – 80 = ____
434 – 85 = ____

d) 750 – 60 = ____
753 – 60 = ____
753 – 68 = ____

349 350 354 420 435 551 636 642 685 690 693 831 842

2

a)

–	90	93	97
650			
653			

b)

+	40	43	49
528			
		700	

c)

–		82	
840	780		748
		780	

60 92 553 556 557 560 560 563 568 571 577 657 697 702 706 758 770 802 862

3

a) Wenn du zu meiner Zahl 80 addierst und dann 35 subtrahierst, erhältst du 300.

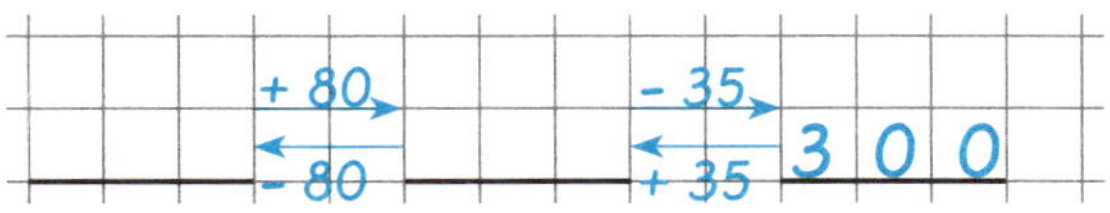

b) Wenn du von meiner Zahl 99 subtrahierst und dann 35 addierst, erhältst du 600.

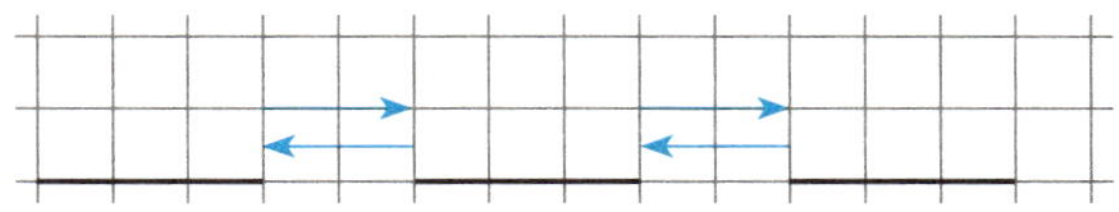

4

a) Wenn du meine Zahl mit 10 multiplizierst und dann 75 addierst, erhältst du 145.

b) Wenn du meine Zahl durch 9 dividierst und dann 65 addierst, erhältst du 72.

5

a) Wenn du von meiner Zahl 89 subtrahierst und dann 35 addierst, erhältst du 146.

b) Wenn du meine Zahl mit 8 multiplizierst und dann 450 addierst, erhältst du 506.

W W

6 Lies die Uhrzeit ab und schreibe beide Möglichkeiten auf.

a) 

____ Uhr
____ Uhr

b) 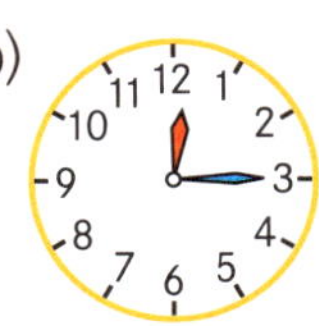

____ Uhr
____ Uhr

c) 

____ Uhr
____ Uhr

d) 

____ Uhr
____ Uhr

e) 

____ Uhr
____ Uhr

f) 

____ Uhr
____ Uhr

Welt der Zahl 3, Arbeitsheft · 978-3-507-04613-9

Name

zu Seite 38

1 Wie rechnest du?

a) 350 + 480

b) 730 – 250

2 Die Ergebnisse in einem Päckchen haben immer dieselbe Quersumme.

a) 430 + 350 = ____
480 + 210 = ____
590 + 190 = ____
790 + 170 = ____
Quersumme ____

b) 560 – 420 = ____
430 – 380 = ____
720 – 490 = ____
990 – 670 = ____
Quersumme ____

c) 710 – 170 = ____
830 – 380 = ____
140 + 490 = ____
550 + 170 = ____
Quersumme ____

3 a)

+	170	320	460
190			
270			

b)

–	150	370	460
830			
920			

c)

–		210	
420	240		
		300	150

60 180 210 330 360 360 370 390 440 460 460 510 510 550 590 650 680 730 770

4 a)

+ 250 →	
170	
470	
670	

b)

+ 280 →	
340	
348	
342	

c)

– 350 →	
720	
920	
620	

d)

– 290 →	
950	
952	
958	

e)

– 440 →	
700	
	190
	270

260 270 370 410 420 570 620 622 628 630 660 662 668 710 720 920

5 a) 550 – 190 = ____
770 – 390 = ____
840 – 290 = ____

160 180 200

b) 660 – 390 = ____
550 – 180 = ____
430 – 270 = ____

c) 890 – 540 = ____
490 – 290 = ____
560 – 380 = ____

270 350 360 370 380 480 550

WW

6 a) 5 · 8 = ____
7 · 9 = ____
9 · 6 = ____

b) 9 · 3 = ____
4 · 4 = ____
5 · 5 = ____

c) 7 · 5 = ____
9 · 9 = ____
8 · 8 = ____

d) 6 · 4 = ____
8 · 7 = ____
5 · 6 = ____

7 a) 35 : 5 = ____
72 : 9 = ____

b) 42 : 7 = ____
21 : 3 = ____

c) 45 : 9 = ____
36 : 6 = ____

d) 32 : 8 = ____
48 : 6 = ____

1 a) Schreibe alle Beträge als Kommazahlen.

______ € ______ € ______ € ______ € ______ € ______ €

b) Ordne die Beträge. Beginne mit dem kleinsten.

€

€

€

€

€

€

2 Wie viel kostet es ungefähr? Wie viel kostet es genau?

	ungefähr	genau
	______ €	______ €
	______ €	______ €
	______ €	______ €

	ungefähr	genau
	______ €	______ €
	______ €	______ €
	______ €	______ €

3 Wie viel bekommen die Kinder zurück?

Es kostet: ______ €
Rückgeld: ______ €

Es kostet: ______ €
Rückgeld: ______ €

Es kostet: ______ €
Rückgeld: ______ €

4 a) 2,40 € + 3,20 € = ______ €
4,60 € + 3,40 € = ______ €
5,80 € + 1,80 € = ______ €

b) 8,50 € – 3,10 € = ______ €
6,30 € – 4,00 € = ______ €
3,50 € – 0,70 € = ______ €

2,30 € 2,80 € 5,40 € 5,60 € 6,30 € 7,60 € 8,00 €

Welt der Zahl 3, Arbeitsheft · 978-3-507-04613-9

Ergänzen

Name

zu Seite 42

1 Wie rechnest du?

a) 680 + ____ = 910 b) 720 − ____ = 330 c) 840 − ____ = 560

2

a) 350 + ____ = 410
350 + ____ = 450
350 + ____ = 480
350 + ____ = 660

b) 645 + ____ = 700
631 + ____ = 700
682 + ____ = 700
698 + ____ = 700

c) 326 + ____ = 526
323 + ____ = 403
329 + ____ = 629
322 + ____ = 462

2 18 55 60 69 80 100 110 130 140 200 300 310

3

a) 930 − ____ = 920
930 − ____ = 880
930 − ____ = 830
930 − ____ = 710

b) 640 − ____ = 140
640 − ____ = 560
640 − ____ = 310
640 − ____ = 290

c) 547 − ____ = 247
549 − ____ = 489
543 − ____ = 343
544 − ____ = 314

10 50 60 80 100 160 200 220 230 300 330 350 500

4

5

6

Ich denke mir eine Zahl. Wenn ich zu meiner Zahl 68 addiere, erhalte ich 600.

____

Ich denke mir eine Zahl. Wenn ich zu meiner Zahl 190 addiere, erhalte ich 630.

____

Ich denke mir eine Zahl. Wenn ich zu meiner Zahl 75 addiere, erhalte ich 735.

____

Gramm und Kilogramm

Name

zu den Seiten 46/47

1 Was wird mit welcher Waage gewogen? Verbinde.

2 Ordne die Gewichte zu. Verbinde.

10 g | 20 g | 100 g | 500 g | 1000 g

3 Ordne die Gewichte zu. Verbinde.

1 kg | 10 kg | 25 kg | 35 kg | 90 kg

4 Gramm oder Kilogramm? Schreibe: g oder kg.

250 ____ | 1 ____ | 450 ____ | 15 ____ | 1 ____

5

a) 458 + 300 = ____
458 + 30 = ____
458 + 3 = ____

b) 376 + 500 = ____
376 + 50 = ____
376 + 5 = ____

c) 688 + 300 = ____
688 + 30 = ____
688 + 3 = ____

6

a) 236 + 40 = ____
589 + 7 = ____

b) 439 + 400 = ____
348 + 70 = ____

c) 594 + 90 = ____
698 + 7 = ____

Welt der Zahl 3, Arbeitsheft · 978-3-507-04613-9

Rechnen mit Gramm und Kilogramm

Name

zu Seite 49

1 Schreibe das Gewicht der Ware auf.

a)

Äpfel: ______ g

b)

Birnen: ______ g

c)

Kirschen: ______ g

2 Schreibe das Gewicht der Ware auf.

a)

Trauben: ______ g

b)

Pflaumen: ______ g

c)

Melone: ______ g

3 Welche Gewichtssteine stehen auf der Waage?

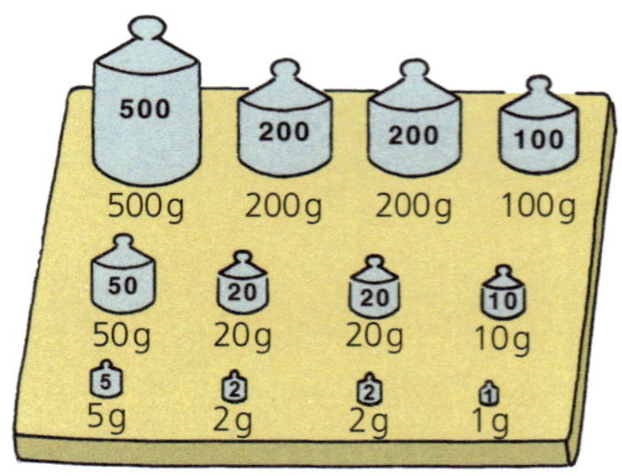

a) Erdbeeren: 900 g

____ + ____ + ____

b) Kiwis: 750 g

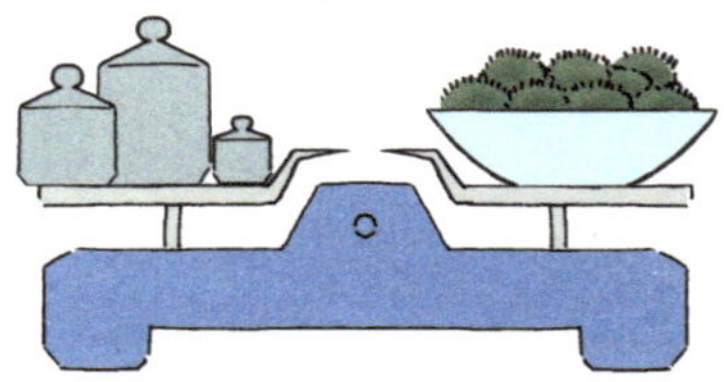

____ + ____ + ____

c) Bananen: 620 g

____ + ____ + ____

d) Nektarinen: 720 g

____ + ____ + ____

e) Nüsse: 560 g

____ + ____ + ____

f) 852 g = ______________________________

4 Ergänze auf 1 Kilogramm.

a)	b)	c)
700 g + ____ g = 1 kg	312 g + ____ g = 1 kg	254 g + ____ g = 1 kg
250 g + ____ g = 1 kg	17 g + ____ g = 1 kg	69 g + ____ g = 1 kg
710 g + ____ g = 1 kg	908 g + ____ g = 1 kg	8 g + ____ g = 1 kg

5 Wie viel Gramm sind es?

1 kg = ____ g $\quad \frac{1}{2}$ kg = ____ g $\quad \frac{1}{4}$ kg = ____ g $\quad \frac{3}{4}$ kg = ____ g

Welt der Zahl 3, Arbeitsheft · 978-3-507-04613-9

Futterpreis pro Tag

„klein"
z. B. Zwergdackel 2,50 €

„groß"
z. B. Schäferhund 3,50 €

„extra groß"
z. B. Bernhardiner 4,50 €

1 Frau Meier gibt ihren Zwergdackel Waldi für zwei Wochen in der Tierpension ab.
Wie viel muss sie für Waldis Futter bezahlen?

L:

Tage	1	2	4	10	14
Preis €					

A: ______________________________

2 Herr Huber gibt seinen Schäferhund auch für zwei Wochen ab.

F: ______________________________

L:

Tage		
Preis €		

A: ______________________________

3 Frau Weber gibt ihren Bernhardiner für den ganzen Monat August in der Tierpension ab.

F: ______________________________

L:

Tage		
Preis €		

A: ______________________________

4 Tina hat ihren Zwergdackel Bob während des Urlaubs in der Tierpension abgegeben. Als sie ihn wieder abholt, muss sie 30 € für Bobs Futter bezahlen.

F: ______________________________

L:

Tage	1		
Preis €		5	

A: ______________________________

5 Als Frau Pauli ihren Schäferhund aus der Tierpension abholt, muss sie 49 € für das Futter bezahlen.

F: ______________________________

L:

Tage		
Preis €		

A: ______________________________

Skizze als Lösungshilfe

Name

zu Seite 53

1 Frau Knobel hat eine alte und eine junge Katze.
Die alte Katze frisst in vier Tagen eine Dose Katzenfutter.
Die junge Katze frisst in zwei Tagen eine Dose Katzenfutter.
Frau Knobel hat noch 12 Dosen. Wie viele Tage reichen die Dosen?

Lösung (Skizze):

A: ______________________________

2 Tobias und Lea kaufen beim Schulfest Getränke und Brötchen.
Tobias kauft drei Gläser Saft und drei Brötchen. Er bezahlt 5,10 €.
Lea kauft drei Gläser Saft und ein Brötchen. Sie bezahlt 3,50 €.
Wie viel kostet ein Brötchen, wie viel ein Glas Saft?

L:

	Saft	Brötchen	Preis zusammen
Tobias			_____ €
Lea			_____ €
Unterschied			_____ €

A: ______________________________

3 Eine Dose Mandarinen und zwei Becher Joghurt wiegen zusammen 480 g.
Drei Dosen Mandarinen und zwei Becher Joghurt wiegen zusammen 920 g.
Wie viel wiegt eine Dose Mandarinen, wie viel ein Becher Joghurt?

L:

A: ______________________________

① Es gibt folgende Münzen:

a) Leonie hat 49 Cent. Wie viele Münzen hat sie mindestens?

A: 4 B: 5 C: 6 D: 7

b) Kevin hat 3,76 €. Wie viele Münzen hat er mindestens?

A: 4 B: 5 C: 6 D: 7

②

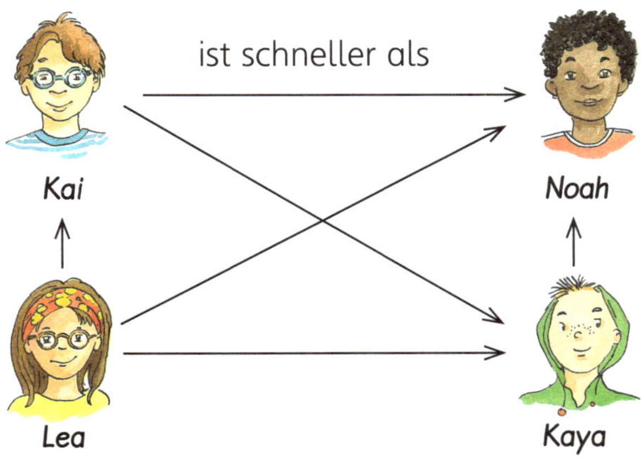

Welches Kind ist am schnellsten?

A: Kai B: Noah C: Lea D: Kaya

③ Wie lang ist ungefähr ein Fußballfeld?

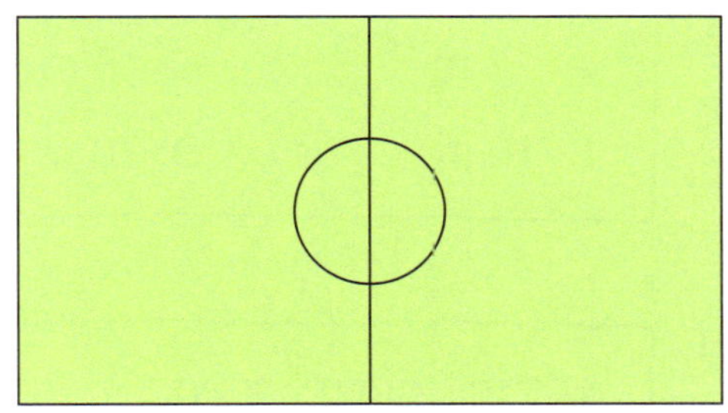

A: 1,10 km
B: 110 cm
C: 110 m
D: 1100 cm

④ Tobias hat Dreiecke und Rechtecke in sein Heft gezeichnet.

Zusammen haben die Figuren 28 Ecken.
Wie viele Dreiecke hat Tobias gezeichnet?

A: 3 B: 4 C: 5 D: 6

⑤ Tina und Lea würfeln 30-mal mit einem Würfel um die Wette und schreiben alle Augenzahlen auf. Gewonnen hat das Mädchen mit den meisten Punkten.
Ergebnis: Tina hat 165 Augen, Lea 185 Augen. Welcher Satz stimmt?

A: Tina hat gewonnen.

B: Lea hat verloren.

C: Tina hat 20 Punkte weniger.

D: Lea hat sich verrechnet.

Welt der Zahl 3, Arbeitsheft · 978-3-507-04613-9

zu den Seiten 57/58

①

Die Freundinnen trafen sich zum Eisessen.
Lisa kam 20 Minuten zu spät, Karla kam noch 5 Minuten nach Lisa.
Emma kam pünktlich. Und Laura kam 10 Minuten nach Emma.

a) In welcher Reihenfolge kamen die Mädchen in der Eisdiele an?

1. ____________ 2. ____________ 3. ____________ 4. ____________

b) Wer wartete am längsten? Und wie lange? ____________________

c) Wie lange wartete Laura auf Lisa? ____________________

②

Beim Sportfest hat die Lehrerin zehn Fähnchen im Abstand von 2 m aufgestellt.
Wie groß ist der Abstand vom ersten bis zum zehnten Fähnchen?

A: 2 m C: 18 m

B: 10 m D: 20 m

③

1000 – ▲ = ▲

▲ – ● = ●

▲ ist die Zahl ______.

● ist die Zahl ______.

④

Lege mit Ziffernkarten.

4 7 8

Z E : E

a) Wie müssen die Ziffern liegen, damit der Rest am größten ist?

b) Wie müssen die Ziffern liegen, damit der Rest am kleinsten ist?

⑤

Vater zersägt acht Bretter zu Brennholz. Jedes Brett sägt er fünfmal durch.

Wie viele Brettstücke hat er zum Schluss?

A: 32 C: 48

B: 40 D: 54

⑥

Die beiden Waagen sind im Gleichgewicht.

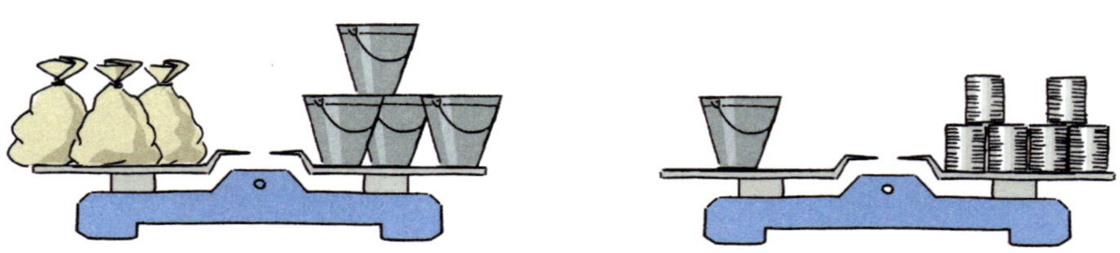

Trage die fehlenden Gewichte ein:

Beutel: 4 kg Eimer: ______ kg Dose: ______

Viele nutzen die Ferien, um sich aktiv zu betätigen.
Jedes Kind hat ein anderes Hobby
(Reiten, Schwimmen, Wandern, Rad fahren, Fußball spielen).
Alle Kinder sind am Ferienort verschieden untergebracht
(Hotel, Zeltplatz, Jugendherberge, Ferienhaus, Ferienwohnung).

	Wandern	Reiten	Schwimmen	Rad fahren	Fußball spielen		Jugendherberge	Zelt	Ferienhaus	Hotel	Ferienwohnung
Jasmin							+				
Marcel							−			−	
Nadine							−				
Thomas							−				
Lea							−				

Kennzeichne mit + oder −
Beispiel:
Marcel wohnt nicht im Hotel. Setze bei Marcel in der Spalte Hotel ein −.
Jasmin wohnt in der Jugendherberge. Setze bei Jasmin in der Spalte Jugendherberge ein +, bei allen anderen ein −.

Welt der Zahl 3, Arbeitsheft · 978-3-507-04613-9

Einmaleins mit 11, 12 und 25

Name

1 Wie viel Geld ist es?

a)
10 ① ①
10 ① ①
10 ① ①
10 ① ①
10 ① ①

$5 \cdot 12$ € = ____ €

b)
10 ① ①
10 ① ①

____

c)
10 ① ①
10 ① ①
10 ① ①
10 ① ①
10 ① ①
10 ① ①

____

2

a) $10 \cdot 12 =$ ___
$9 \cdot 12 =$ ___
$8 \cdot 12 =$ ___

b) $5 \cdot 12 =$ ___
$6 \cdot 12 =$ ___
$7 \cdot 12 =$ ___

c) $2 \cdot 12 =$ ___
$3 \cdot 12 =$ ___
$4 \cdot 12 =$ ___

d) $5 \cdot 12 =$ ___
$4 \cdot 12 =$ ___
$3 \cdot 12 =$ ___

3 Manchmal ist die Tauschaufgabe leichter.

a) $5 \cdot 11 =$ ___
$11 \cdot 4 =$ ___
$6 \cdot 11 =$ ___

b) $10 \cdot 11 =$ ___
$9 \cdot 11 =$ ___
$11 \cdot 8 =$ ___

c) $11 \cdot 7 =$ ___
$4 \cdot 11 =$ ___
$11 \cdot 0 =$ ___

d) $2 \cdot 11 =$ ___
$3 \cdot 11 =$ ___
$11 \cdot 11 =$ ___

4 Welche Zahl der 11er-Reihe ist es?

a) Ihr nächster Nachbarzehner ist 70.

____

b) Sie ist kleiner als 50 und durch 4 teilbar.

____

c) Ihre Quersumme ist 2.

____

5 In 25er-Sprüngen vorwärts. Trage die Zahlen ein.

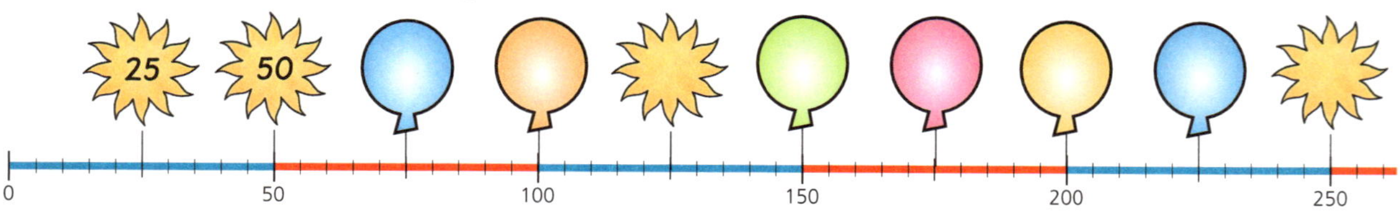

6

a) $250 : 25 =$ ___
$125 : 25 =$ ___

b) $100 : 25 =$ ___
$50 : 25 =$ ___

c) $250 : 25 =$ ___
$500 : 25 =$ ___

d) $175 : 25 =$ ___
$350 : 25 =$ ___

7 Zahlix sagt: „Ich schwimme 5 Bahnen."

F: ____________________________________

____

L: ____________________________________

A: ____________________________________

____

1
a) 7 · 30 = ___
4 · 30 = ___
1 · 30 = ___

b) 8 · 20 = ___
5 · 20 = ___
2 · 20 = ___

c) 20 · 9 = ___
20 · 6 = ___
20 · 3 = ___

d) 30 · 10 = ___
30 · 8 = ___
30 · 5 = ___

2 Wie viele 30er-Sprünge sind es? Schreibe immer zwei Aufgaben.

a)

1 · 30 = 30
30 : 30 = ___

b)

___ · 30 = 240
240 : 30 = ___

c)

___
___

d)

___
___

3
a) 10 · 40 = ___
9 · 40 = ___
8 · 40 = ___

b) 5 · 40 = ___
6 · 40 = ___
7 · 40 = ___

c) 2 · 40 = ___
4 · 40 = ___
8 · 40 = ___

d) 3 · 40 = ___
6 · 40 = ___
9 · 40 = ___

4 Vom kleinen Einmaleins zum Zehnereinmaleins

a) 5 · 2 = ___
5 · 20 = ___

b) 9 · 6 = ___
9 · 60 = ___

c) 3 · 7 = ___
3 · 70 = ___

d) 4 · 4 = ___
4 · 40 = ___

5
a) 2 · 50 = ___
4 · 50 = ___

b) 3 · 50 = ___
6 · 50 = ___

c) 4 · 50 = ___
8 · 50 = ___

d) 5 · 50 = ___
10 · 50 = ___

e) Das zweite Ergebnis ist immer ___ des ersten Ergebnisses.

6
a) 20 · 8 = ___
40 · 6 = ___
40 · 4 = ___
80 · 2 = ___

b) 90 · 6 = ___
30 · 10 = ___
70 · 4 = ___
10 · 8 = ___

c) 50 · 2 = ___
90 · 4 = ___
60 · 6 = ___
30 · 8 = ___

d) 10 · 7 = ___
40 · 5 = ___
70 · 3 = ___
80 · 9 = ___

7
a) 420 : 70 = ___
210 : 70 = ___

b) 240 : 40 = ___
120 : 40 = ___

c) 300 : 50 = ___
150 : 50 = ___

d) 600 : 60 = ___
300 : 60 = ___

e) Das zweite Ergebnis ist immer ___ des ersten Ergebnisses.

WN

8 Wie heißen diese Zahlen?

a) 18 E = ___ Z + ___ E = ___
37 E = ___ Z + ___ E = ___

b) 16 Z = ___ H + ___ Z = ___
58 Z = ___ H + ___ Z = ___

9
a) 5 Z + 16 E = ___
7 Z + 28 E = ___

b) 24 Z + 3 E = ___
53 Z + 8 E = ___

c) 4 H + 15 Z = ___
7 H + 22 Z = ___

Welt der Zahl 3, Arbeitsheft · 978-3-507-04613-9

zu Seite 64

1 Suche zu den Ergebnissen die Buchstaben in den Waggons. Ergänze dann den Text.

a)
7 · 40 = ____ ____
1 · 80 = ____ ____
5 · 20 = ____ ____
9 · 60 = ____ ____
3 · 100 = ____ ____
2 · 10 = ____ ____
4 · 70 = ____ ____
8 · 10 = ____ ____

b)
4 · 25 = ____ ____
6 · 30 = ____ ____
10 · 50 = ____ ____
2 · 40 = ____ ____
4 · 20 = ____ ____
2 · 90 = ____ ____
1 · 20 = ____ ____

Im Lauf der Geschichte gab es einige (a) ________________, die dafür sorgten, dass wir nicht immer zu Fuß gehen müssen.
1817 erfand Karl von Drais die Draisine, unser heutiges (b) ________________.

Das erste benzinbetriebene Kraftfahrzeug erfand Gottlieb Wilhelm Daimler 1885. Daraus entwickelte sich unser (2) ________________

2
3 · 60 = ____ ____
8 · 60 = ____ ____
6 · 40 = ____ ____
4 · 30 = ____ ____
8 · 40 = ____ ____
2 · 60 = ____ ____
5 · 90 = ____ ____
6 · 90 = ____ ____
8 · 50 = ____ ____

3
20 · 20 = ____ ____
3 · 40 = ____ ____
5 · 50 = ____ ____
6 · 20 = ____ ____
4 · 80 = ____ ____
10 · 12 = ____ ____
4 · 60 = ____ ____
9 · 60 = ____ ____
9 · 90 = ____ ____
4 · 70 = ____ ____

Der britische Ingenieur Richard Trevithick entwickelte 1804 die erste Dampf (3) ________________ der Welt.

4
4 · 20 = ____ ____
2 · 90 = ____ ____
10 · 25 = ____ ____
7 · 40 = ____ ____
3 · 80 = ____ ____
4 · 70 = ____ ____

Schon im Jahr 1923 schrieb Hermann Oberth Konstruktionspläne für eine (4) ________________

Kreative Aufgaben: Multi-Schiffe

Name

zu Seite 65

1

a)

· 10	
70	700
30	300
100	

b)

· 8	
50	
20	

2

a)

· 9	
12	
8	

b)

· 6	
11	
9	

c)

· 3	
25	
5	

d)

· 4	
20	
5	

3

a)

· 8	
10	
80	

b)

· 5	
80	
100	

c)

· 6	
30	
50	

d)

· 7	
	70
50	

4

a)

· 2	
	18
	40

b)

· 11	
	99
	121

c)

· 12	
	60
8	

d)

· 25	
	150
	250

5

a)

·	
10	
	420
80	

b)

·	
80	
	80
	400

c)

·	
	100
60	
80	

d)

·	
3	
	77
	110

Welt der Zahl 3, Arbeitsheft · 978-3-507-04613-9

Halbschriftliches Multiplizieren

Name

zu den Seiten 66/67

1 a) 4 · 1 7 b) 8 · 1 4 c) 5 · 1 8

a) 4 · 17 =
4 · 10 =
4 · 7 =

b) 8 · 14 =

c) 5 · 18 =

2 a) 3 · 29 = b) 4 · 26 = c) 4 · 24 =

3 a) 6 · 28 = b) 7 · 36 = c) 5 · 47 =

4 a) 5 · 83 = b) 9 · 26 = c) 8 · 63 =

5 Sarah behauptet: „Eine Woche hat 158 Stunden.“ Stimmt das?

A: ______________________________

____

L:

6

a) 5 · 27 = ____
6 · 27 = ____
7 · 27 = ____

b) 3 · 29 = ____
5 · 29 = ____
6 · 29 = ____

c) 4 · 24 = ____
6 · 24 = ____
8 · 24 = ____

d) 4 · 26 = ____
7 · 26 = ____
9 · 26 = ____

87 96 104 135 144 145 154 162 174 182 189 192 234

7

a) 4 · 15 = ____
2 · 15 = ____

b) 6 · 19 = ____
3 · 19 = ____

c) 6 · 36 = ____
3 · 36 = ____

d) 4 · 43 = ____
2 · 43 = ____

8

a) 4 · 19 = ____
6 · 19 = ____
9 · 19 = ____

b) 3 · 99 = ____
6 · 99 = ____
7 · 99 = ____

c) 8 · 39 = ____
8 · 29 = ____
8 · 59 = ____

d) 5 · 49 = ____
5 · 29 = ____
5 · 79 = ____

9

a) 4 · 108 = ____
6 · 105 = ____
2 · 108 = ____

b) 6 · 102 = ____
9 · 100 = ____
1 · 108 = ____

c) 3 · 111 = ____
5 · 108 = ____
9 · 103 = ____

d) 8 · 18 = ____
7 · 18 = ____
4 · 18 = ____

Welt der Zahl 3, Arbeitsheft · 978-3-507-04613-9

1 Kennst du diese Fahrzeuge? Rechne die Zwischenschritte im Kopf.

a) 3 · 74 = ______ ____
3 · 47 = ______ ____
4 · 74 = ______ ____
8 · 37 = ______ ____
2 · 105 = ______ ____
3 · 48 = ______ ____

b) 2 · 96 = ______ ____
2 · 69 = ______ ____
3 · 96 = ______ ____
6 · 48 = ______ ____
3 · 70 = ______ ____
4 · 36 = ______ ____

c) 7 · 41 = ______ ____
3 · 46 = ______ ____
8 · 52 = ______ ____
2 · 111 = ______ ____
6 · 90 = ______ ____
6 · 23 = ______ ____
4 · 72 = ______ ____
7 · 30 = ______ ____
4 · 104 = ______ ____

d) 2 · 72 = ______ ____
3 · 69 = ______ ____
8 · 41 = ______ ____
4 · 82 = ______ ____
5 · 42 = ______ ____
6 · 24 = ______ ____

2 Hier findest du schnell das Ergebnis.

a) 2 · 29 = ______
4 · 29 = ______
6 · 29 = ______

b) 4 · 19 = ______
6 · 19 = ______
8 · 19 = ______

c) 6 · 99 = ______
5 · 99 = ______
9 · 99 = ______

d) 4 · 98 = ______
6 · 98 = ______
8 · 98 = ______

Multiplizieren mit Geld

Name

zu Seite 70

1 a) 5 Brötchen

b) 3 Rosinenbrötchen

c) 5 Sesambrötchen

d) 7 Mohnbrötchen

e) 10 Müslibrötchen

Sonntagsangebote

Brötchen	35 ct
Mohn- oder Sesambrötchen	55 ct
Müslibrötchen	85 ct
Rosinenbrötchen	65 ct

2 Nina kauft acht Brötchen. Wie viel muss sie bezahlen?

a) Höchstens

L:

A: ________________________

b) Mindestens

L:

A: ________________________

3 Tim kauft vier Brote. Ein Brot kostet 2,49 €.

F: ________________________

A: ________________________

L:

4 a)

Baguette-Brötchen 0,80 €

Anzahl	Preis
3	
6	
9	
10	

b)

Schwarzbrot 2,90 €

Anzahl	Preis
2	
4	
6	
8	

c)

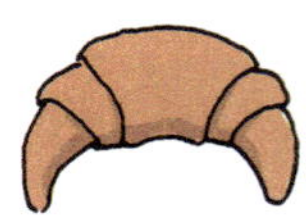

Croissant ____

Anzahl	Preis
10	
5	
2	2,60 €
7	

1

Flugplan von Frankfurt	
nach Las Palmas	
ab Frankfurt	an Las Palmas
9.55 Uhr	14.10 Uhr
nach Istanbul	
ab Frankfurt	an Istanbul
17.25 Uhr	20.05 Uhr
nach Palma de Mallorca	
ab Frankfurt	an Palma de Mallorca
8.45 Uhr	11.10 Uhr

Verena fliegt mit ihren Eltern um 8.45 Uhr nach Mallorca. Wie lange dauert der Flug?

8.45

Der Flug dauert: ____ h ____ min

1 Stunde = 60 Minuten
1h = 60 min

2 Wie lange dauern die Flüge nach Las Palmas,

nach Istanbul?

Dauer: ____________ Dauer: ____________

3 In der Ferienanlage gibt es ein großes Sportangebot.

Unser Sportangebot
Gymnastik: 8.45 – 9.10
Wasserski: Beginn 12.15 (Dauer $2\frac{1}{2}$ h)
Tauchen: 15.20 – 17.10
Klettern: Beginn 9.50 (Dauer 2 h 15 min)

Anfang	Uhr	Uhr	Uhr	Uhr
Ende	Uhr	Uhr	Uhr	Uhr
Dauer	h min	h min	h min	h min

4 Wie lange hat Verena an diesen Tagen Sport getrieben?

a) 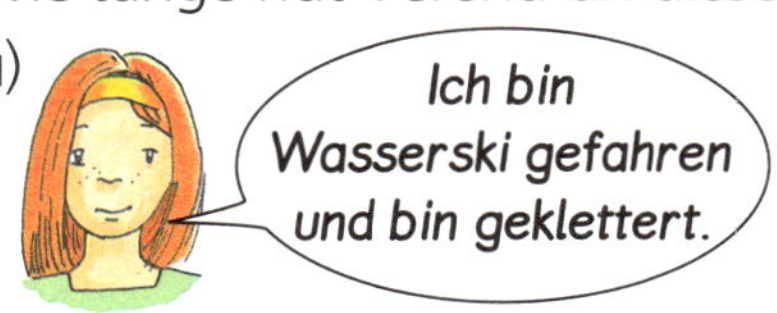

b) 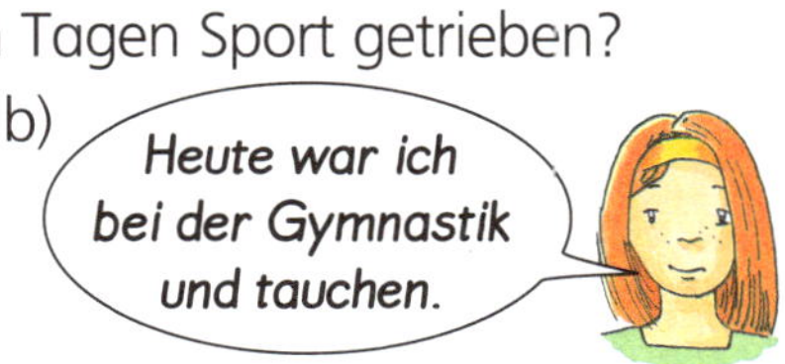

c) 

5 19:32

a) Wie viele Minuten sind seit der letzten vollen Stunde vergangen? ______
b) Wie viele Minuten sind es bis zur nächsten vollen Stunde? ______

6 16:17

a) Wie viele Minuten sind seit der letzten vollen Stunde vergangen? ______
b) Wie viele Minuten sind es bis zur nächsten vollen Stunde? ______

7 18:42

a) Wie viel Zeit ist seit Beginn des Tages vergangen? ____ h ____ min
b) Wie viel Zeit wird noch bis zum Ende des Tages vergehen? ____ h ____ min

Welt der Zahl 3, Arbeitsheft · 978-3-507-04613-9

Name

zu den Seiten 78/79

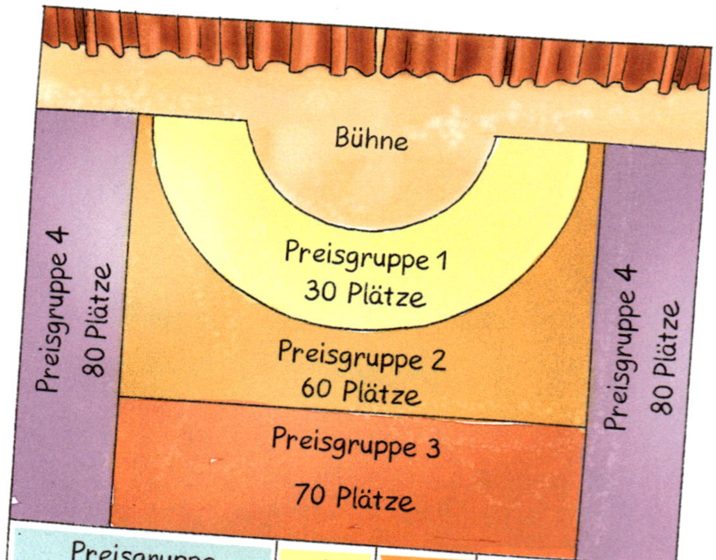

Preisgruppe	1	2	3	4
Eintrittspreise	4 €	2 €	1 €	50 ct

1 a) An welchem Tag wird das Musical nicht gezeigt?

____

b) Um wie viel Uhr beginnen die Vorstellungen?

____

c) Wie viele Sitzplätze gibt es in Preisgruppe 4 insgesamt?

____

2 Am Samstag waren alle Karten der Preisgruppe 2 ausverkauft. Von Preisgruppe 3 wurde die Hälfte der Karten verkauft. In Preisgruppe 1 und 4 saßen jeweils 10 Personen. Wie viel Euro wurden insgesamt eingenommen?

	Gruppe 1	Gruppe 2	Gruppe 3	Gruppe 4
verkaufte Karten	10			
Einnahmen	___ €			

Gesamteinnahmen: ___ € + ___ € +

3 Am Sonntag war Aktionstag. Alle Karten kosteten die Hälfte.
Preisgruppe 1, 2 und 4 waren ausverkauft. In Preisgruppe 3 blieben 30 Plätze frei.
Wie viel wurde insgesamt eingenommen?

Name

zu den Seiten 81/82

1

	Mo	Di	Mi	Do	Fr	Besucher pro Jahrgangsstufe
Jahrgangsstufe 1	43	13	9	21	14	
Jahrgangsstufe 2	27	14	11	45	9	
Jahrgangsstufe 3	15	38	7	17	12	
Jahrgangsstufe 4	9	10	6	12	35	
Besucher pro Tag						

2 Jede Jahrgangsstufe führte einmal in der Woche ein kleines Theaterstück auf. An diesem Tag kamen besonders viele Besucher. An welchen Tagen wurden in den einzelnen Jahrgangsstufen die Theaterstücke aufgeführt?

a) Jahrgangsstufe 1: ____________ b) Jahrgangsstufe 2: ____________

c) Jahrgangsstufe 3: ____________ d) Jahrgangsstufe 4: ____________

3 a) Welche Jahrgangsstufe hatte insgesamt die meisten Besucher? Jahrgangsstufe ____

b) Welche Jahrgangsstufe hatte die wenigsten Besucher? Jahrgangsstufe ____

c) An welchem Tag kamen die meisten Besucher? ____________

d) An welchem Tag kamen die wenigsten Besucher? ____________

4 Zeichne zu den Besucherzahlen Balkendiagramme. 1 mm bedeutet 1 Besucher.

a) Besucher pro Tag.

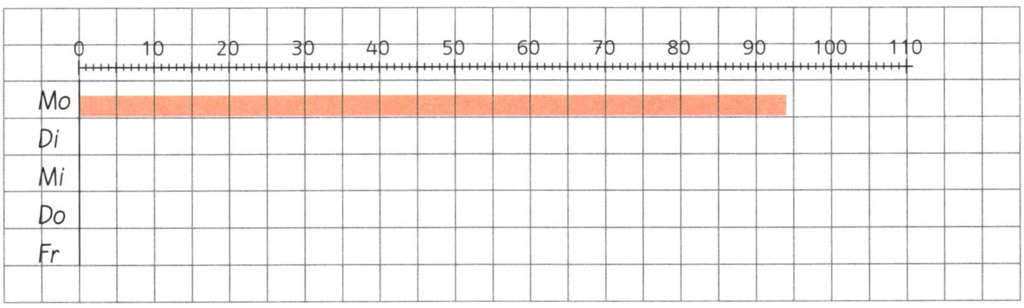

b) Besucher pro Jahrgangsstufe.

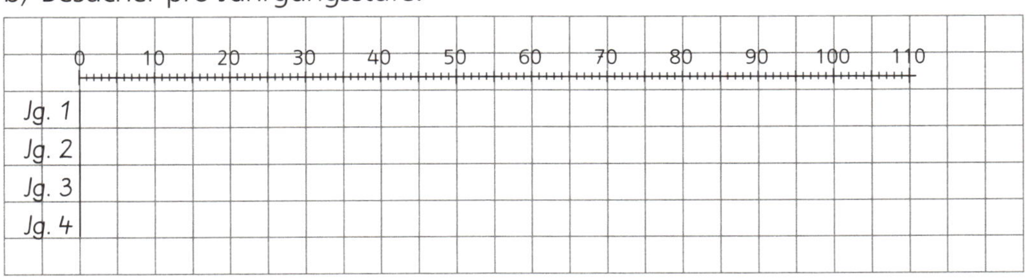

Welt der Zahl 3, Arbeitsheft · 978-3-507-04613-9

zu Seite 83

Kreisdiagramm

1 Sportfest in der Regenbogenschule. Es gab Teilnehmerurkunden, Siegerurkunden und Ehrenurkunden. Die Kreisdiagramme zeigen, wie sie in den einzelnen Klassen verteilt wurden.

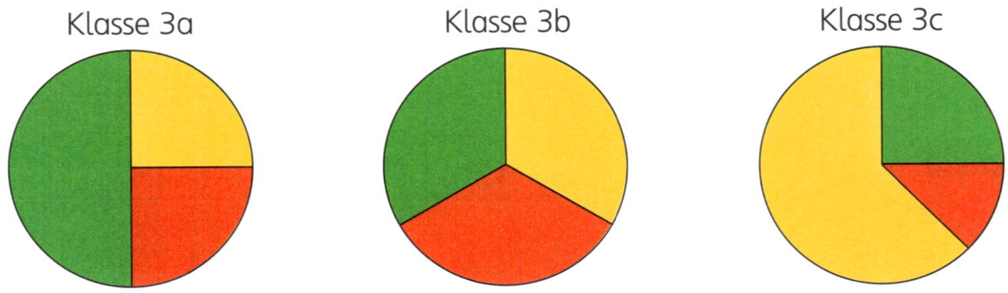

a) In welcher Klasse gab es die meisten Teilnehmerurkunden? ____________

b) In welcher Klasse gab es die meisten Siegerurkunden? ____________

c) In welcher Klasse gab es die meisten Ehrenurkunden? ____________

2 Wie viele Teilnehmerurkunden, Siegerurkunden, Ehrenurkunden gab es in den einzelnen Klassen?

a) Klasse 3a: 24 Kinder	b) Klasse 3b: 24 Kinder	c) Klasse 3c: 24 Kinder
____ Teilnehmerurkunden	____ Teilnehmerurkunden	____ Teilnehmerurkunden
____ Siegerurkunden	____ Siegerurkunden	____ Siegerurkunden
____ Ehrenurkunden	____ Ehrenurkunden	____ Ehrenurkunden

3 In der Klasse 3a stellen die 24 Kinder ihre Hobbys in einem Kreisdiagramm dar.

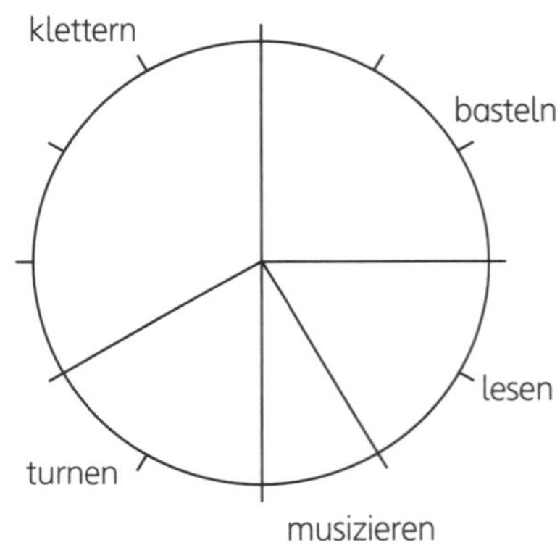

a) Welches Hobby ist am beliebtesten? ____________

b) Welches Hobby mögen die wenigsten Kinder? ____________

c) Wie viele Kinder basteln? ____________

d) Wie viele Kinder musizieren? ____________

e) Wie viele Kinder klettern? ____________

4 Das sind die Hobbys der Klasse 3c. Von den 24 Kindern wollen genauso viele Kinder musizieren wie lesen. Die restlichen Kinder spielen am liebsten Fußball.

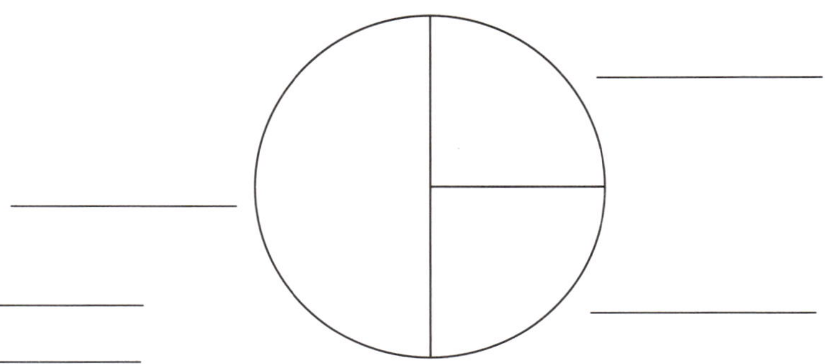

a) Wie viele Kinder spielen Fußball? ____________

b) Wie viele Kinder lesen? ____________

c) Wie viele Kinder musizieren? ____________

Name

zu den Seite 84/85

1 Zuerst die Einer, dann die Zehner, dann die Hunderter.

	a)	b)	c)	d)	e)	f)
	H Z E	H Z E	H Z E	H Z E	H Z E	H Z E
	6 2 1	4 3 2	3 1 8	2 5 2	6 2 1	4 0 3
+	3 1 5	2 4 7	4 5 1	5 3 6	2 2 8	5 7 6

2

	a)	b)	c)	d)	e)	f)
	H Z E	H Z E	H Z E	H Z E	H Z E	H Z E
	1 8 8	4 0 8	4 3 3	2 7 1	3 8 3	1 3 7
+	4 9 1	5 2 8	3 7 6	5 8 4	4 0 9	5 9 1

3 Schreibe stellengerecht untereinander, dann rechne.

a) 325 + 149

b) 581 + 252

c) 493 + 75

d) 887 + 81

e) 72 + 461

f) 57 + 581

a) b) c)

d) e) f)

474 533 568 638 774 833 968

4 Weiter im schriftlichen Addieren. Denke an die Überträge.

	a)	b)	c)	d)	e)	f)
	5 6 2	3 7 7	2 9 6	7 7	6 8 6	6 5 8
+	1 5 9	2 5 8	5 4 9	6 6 4	2 3 5	1 4 7

635 671 721 741 805 845 921

5 a) Addiere 376 und 118.

b) Addiere 135 und 371.

c) Addiere die beiden Ergebnisse.

a) b) c)

6 a) Berechne das Doppelte von 319.

b) Berechne das Doppelte von 181.

c) Addiere die beiden Ergebnisse.

a) b) c)

Welt der Zahl 3, Arbeitsheft · 978-3-507-04613-9

Übungen zum schriftlichen Addieren

Name

zu den Seiten 86/87

1 Nullen in den Zahlen.

a) 68 + 705

b) 206 + 576

c) 344 + 390

d) 105 + 596

e) 638 + 107

f) 359 + 406

701 734 745 752 765 773 782

2

a) 345 + 515

b) 164 + 638

c) 263 + 737

d) 76 + 724

e) 564 + 376

f) 392 + 609

800 802 860 901 940 1000 1001

3 Vier Aufgaben sind falsch. In welche Schublade gehören sie? Färbe den Kreis mit der Farbe der Schublade. Rechne dann richtig.

a) 294 + 563, Übertrag 1 1, = 867 ◯

b) 593 + 267, Übertrag 1 1, = 860 ◯

c) 258 + 428, Übertrag 1, = 688 ◯

d) 372 + 208 + 76, Übertrag 1 1, = 656 ◯

e) 637 + 248, Übertrag 1, = 885 ◯

f) 307 + 396, Übertrag 1, = 603 ◯

g) 241 + 39, Übertrag 1, = 631 ◯

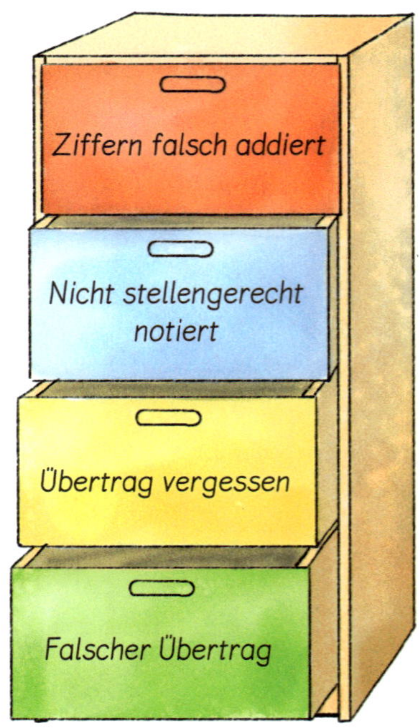

4 Welche Ziffern fehlen, damit diese Rechnungen richtig werden? Achte auch auf Überträge.

a) 46_ + 2_1 = _91

b) _9_ + 4_6 = 797

c) 524 + ___ = 780

d) _7_ + 5_9 = 893

e) _82 + 3__ = 543

f) _97 + 1_5 = 43_

W W

5 a) 240 + 260 = ____
350 + 420 = ____

b) 320 + 450 = ____
510 + 290 = ____

c) 140 + 540 = ____
720 + 180 = ____

6 a) 1000 – 350 = ____
1000 – 730 = ____

b) 900 – 450 = ____
800 – 360 = ____

c) 780 – 260 = ____
950 – 610 = ____

1 Frau Meurer hat heute viel einzukaufen.

a) Was zahlt sie in jedem Geschäft?

① 

② 

③ 

④ 

b) Wahr oder falsch? Kreuze an.

Frau Meurer geht zuerst zur „Bäckerei Ties".	wahr ○	falsch ○
Frau Meurer kann in der Bäckerei mit einem 5-€-Schein bezahlen.	wahr ○	falsch ○
Frau Meurer gibt in der Metzgerei mehr Geld aus als später im Spielzeugladen.	wahr ○	falsch ○
Frau Meurer zahlt im Spielzeugladen mit einem 10-€-Schein. Sie bekommt 13 Cent zurück.	wahr ○	falsch ○
Frau Meurer geht zuletzt zu „Blumen Becker".	wahr ○	falsch ○
Frau Meurer zahlt im Blumengeschäft mit einem 20-€-Schein. Sie bekommt einen roten Geldschein zurück.	wahr ○	falsch ○
Frau Meurer gibt insgesamt nicht mehr als 50 € aus.	wahr ○	falsch ○

2 Schreibe stellengerecht untereinander, dann rechne.

a) 5,45 € + 1,75 €
b) 3,08 € + 2,69 €
c) 6,75 € + 3,65 €
d) 7,89 € + 2,49 €

a) b) c) d)

3 Paul kauft ein Ringbuch zu 1,89 €, Klarsichthüllen zu 3,49 € und einen Schreibblock zu 1,79 €.

F: ______________________

A: ______________________

L:

4 Melina kauft einen Radiergummi zu 79 ct, ein Lineal zu 1,45 € und einen Füller zu 10,75 €.

F: ______________________

A: ______________________

L:

5 Francesco hat 10 €. Er kauft einen Textmarker zu 1,59 € und ein Paket Buntstifte für 7,69 €. Kann er noch einen Radiergummi für 79 ct kaufen?

A: ______________________

____

L:

Welt der Zahl 3, Arbeitsheft · 978-3-507-04613-9

Name

zu Seite 90

Überschlag

1 Die Kinder haben zu der Aufgabe einen Überschlag gemacht.
Wer ist am nächsten am genauen Ergebnis? Kreuze an.

548 + 384

Christoph ______ ◯   Simon ______ ◯   Finnja ______ ◯

Genau:

	5	4	8
+	3	8	4

2 Überschlage zuerst. Rechne danach nur die Aufgaben, deren Ergebnisse zwischen 700 und 800 liegen.

a) 209 + 455
Ü: ______

b) 486 + 298
Ü: ______

c) 746 + 199
Ü: ______

d) 293 + 446
Ü: ______

e) 299 + 512
Ü: ______

f) 519 + 179
Ü: ______

3 Stimmt das? Schreibe einen Überschlag auf und kreuze an.

a) Herr Kohlmann fährt am Montag 371 km und am Dienstag 349 km. Seiner Frau erzählt er: „An beiden Tagen waren das mehr als 700 km."

Ü: ______ Es stimmt. ◯ Es stimmt nicht. ◯

b) Familie Wagner fährt in den Urlaub. Bis sie eine Pause machen, fahren sie 304 km. Danach fahren sie noch 234 km bis zu ihrem Ziel. Dort meint Sohn Dominik: „Wenn wir sofort wieder nach Hause fahren, zeigt unser Tacho mehr als 1000 km mehr an als bei der Abfahrt."

Ü: ______ Es stimmt. ◯ Es stimmt nicht. ◯

W N

4 Kannst du noch das Einmaleins der Zehner?

a)

·	20	40	80
2			
4			
8			

b)

·	30	60	90
3			
6			
9			

c)

·	20	50	70
10			
5			
7			

5

a) 180 = ___ · 90
180 = ___ · 60

b) 120 = ___ · 20
120 = ___ · 40

c) 240 = ___ · 40
240 = ___ · 80

d) 80 = ___ · 40
80 = ___ · 80

Name

zu Seite 93

1 Miss diese Strecken. Gib die Längen in zwei Schreibweisen an.

a) A ———— B   ____ cm ____ mm = ____ mm

b) C ———— D   ____ cm ____ mm = ____ mm

c) E ———— F   ____ cm ____ mm = ____ mm

d) G ———— H   ____ cm ____ mm = ____ mm

e) J ———— K   ____ cm ____ mm = ____ mm

2 Gib die Länge der Strecken in Millimeter an.

A ———— B ———— C ———— D ———— E ———— F

Strecke	AB	AC	AD	BC	CD	DF	EF	AF
Länge (mm)								

3 Welche Strecke ist länger? Schätze zuerst, dann miss nach.

a)

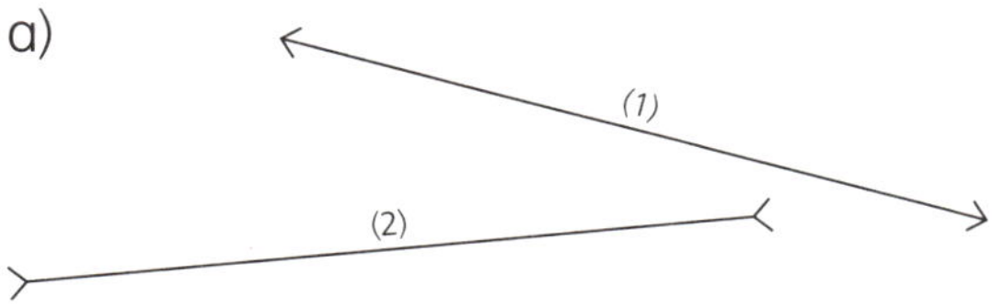

b)

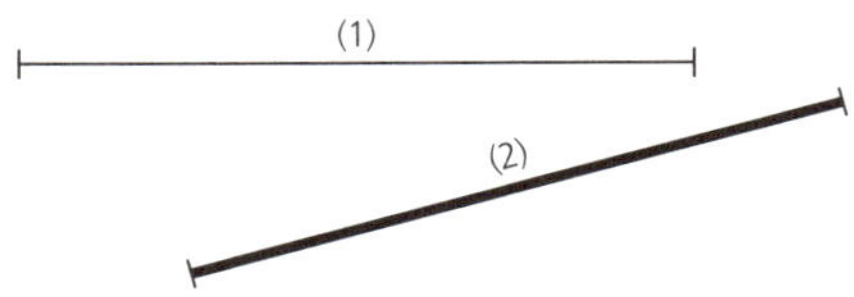

a)	(1)	(2)
geschätzt		
gemessen		

b)	(1)	(2)
geschätzt		
gemessen		

4 Zeichne Strecken.

8 cm 9 mm ____________________

10 cm 3 mm ____________________

7 cm 6 mm ____________________

73 mm ____________________

5 Schreibe in Millimeter.

3 cm 8 mm = ____ mm   4 cm 9 mm = ____ mm   17 cm 8 mm = ____ mm

5 cm 7 mm = ____ mm   7 cm 3 mm = ____ mm   11 cm 0 mm = ____ mm

6 cm 9 mm = ____ mm   0 cm 8 mm = ____ mm   19 cm 9 mm = ____ mm

6 Male gleiche Längen in der gleichen Farbe an.

4 cm 19 mm | 80 mm | 118 mm | 18 cm 8 mm

11 cm 8 mm | 188 mm | 8 cm | 59 mm

Welt der Zahl 3, Arbeitsheft · 978-3-507-04613-9

Meter und Zentimeter

Name

zu den Seiten 94/95

1 Schreibe in Zentimeter.

a) 4 m 60 cm = ____ cm
3 m 15 cm = ____ cm
8 m 7 cm = ____ cm

b) 5 m 55 cm = ____ cm
$5\frac{1}{2}$ m = ____ cm
5 m 5 cm = ____ cm

2 Fülle die Tabelle aus.

a)	105 cm		
b)		2 m 50 cm	
c)			3,95 m
d)	80 cm		
e)		10 m 33 cm	
f)			0,05 m

3 a) 4,40 m + 4,40 m = ______
0,50 m + 0,30 m = ______
2,70 m + 1,50 m = ______
3,60 m + 0,20 m = ______

b) 1,80 m – 0,90 m = ______
6,80 m – 3,60 m = ______
8,70 m – 3,40 m = ______
4,60 m – 1,90 m = ______

4 Daniel sägt von einer 2,20 m langen Latte ein 35 cm langes Stück ab.

F: ______

A: ______

L:

5 Petra zerlegt eine 2 m lange Latte in 40 cm lange Stücke.

a) Wie viele Stücke erhält sie?

L: ______ A: ______

b) Wie oft muss Petra sägen? Zeichne eine Skizze.

L:

A: ______

WW

6 a) 7 · 30 = ____
9 · 40 = ____
8 · 70 = ____
4 · 40 = ____

b) 6 · 80 = ____
5 · 60 = ____
8 · 50 = ____
7 · 20 = ____

c) 7 · 70 = ____
8 · 80 = ____
3 · 90 = ____
9 · 60 = ____

d) 5 · 90 = ____
4 · 70 = ____
6 · 50 = ____
8 · 90 = ____

7 a) 120 : 30 = ____
240 : 80 = ____
160 : 40 = ____
250 : 50 = ____

b) 210 : 70 = ____
350 : 50 = ____
480 : 60 = ____
640 : 80 = ____

c) 270 : 90 = ____
540 : 90 = ____
420 : 70 = ____
540 : 60 = ____

d) 360 : 40 = ____
630 : 90 = ____
450 : 50 = ____
400 : 80 = ____

Name

zu den Seiten 97/98

1 Was stimmt hier nicht? Kreise die Fehler ein. Färbe den Kreis mit der Farbe der Schublade.

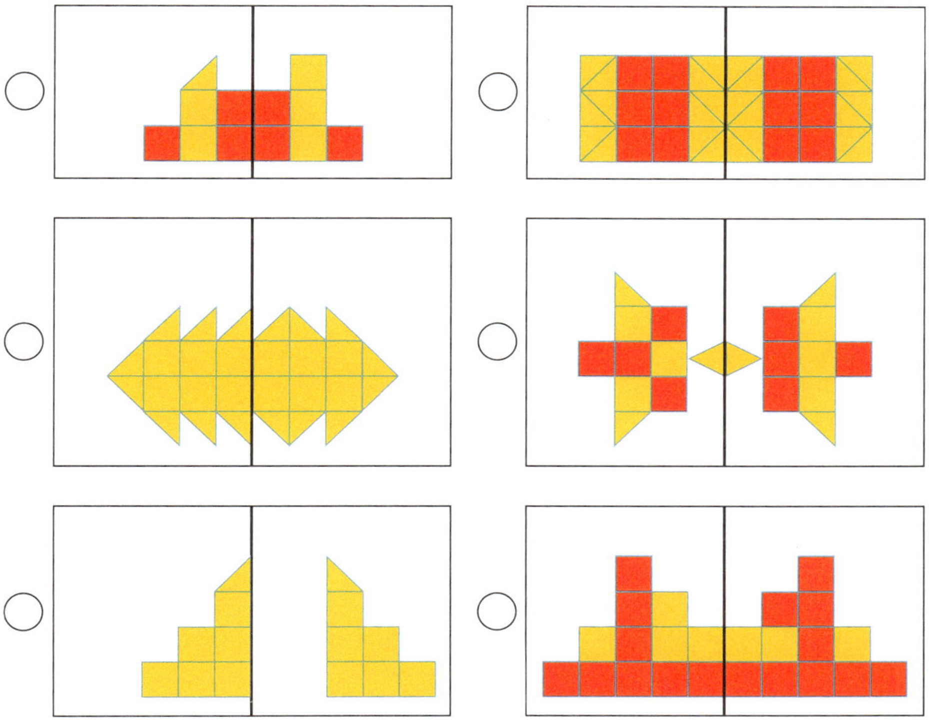

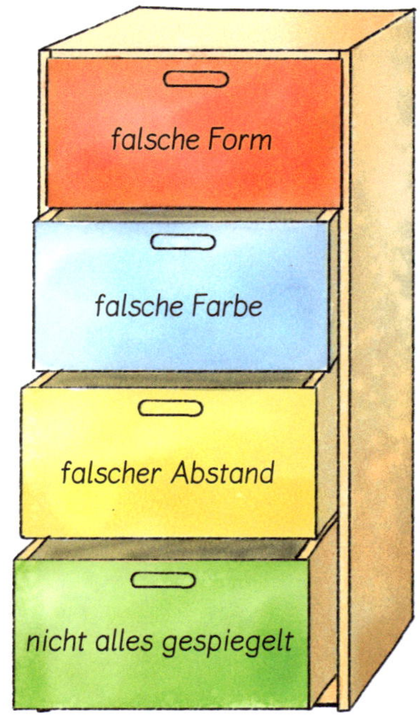

2 Diese Figuren haben eine Symmetrieachse. Zeichne die Symmetrieachse rot ein und prüfe mit dem Spiegel.

a)

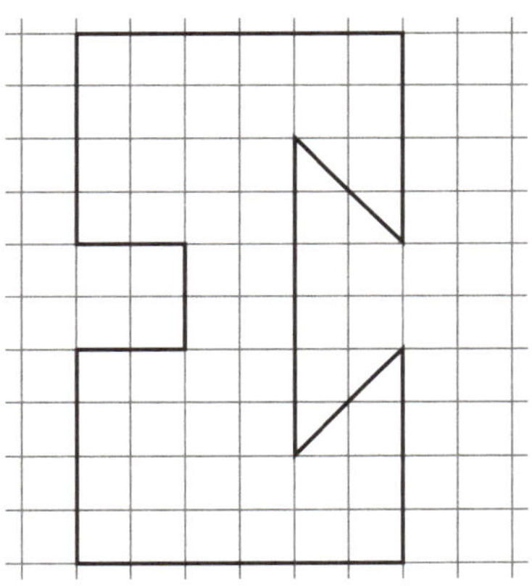

b)

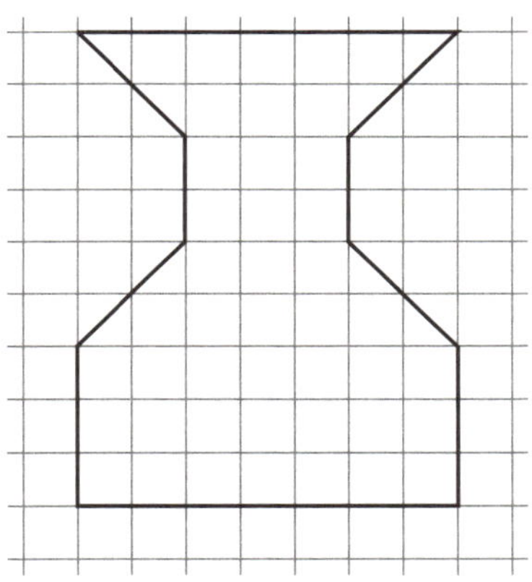

c)

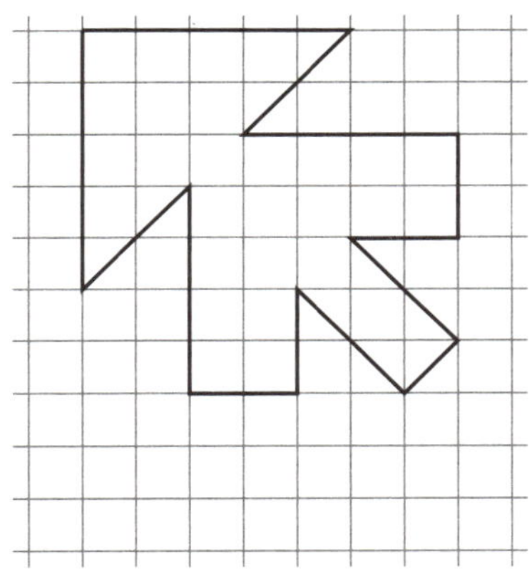

3 Hier gibt es mehrere Symmetrieachsen. Zeichne und prüfe.

a)

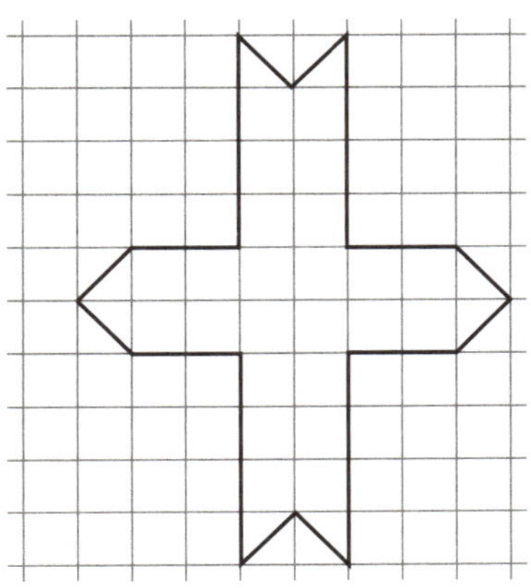

b)

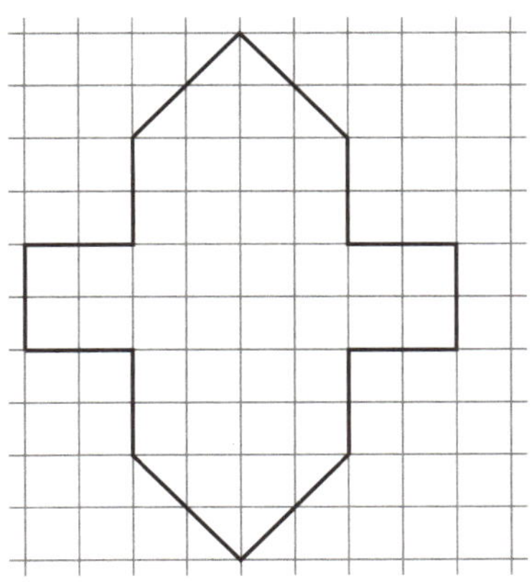

c)

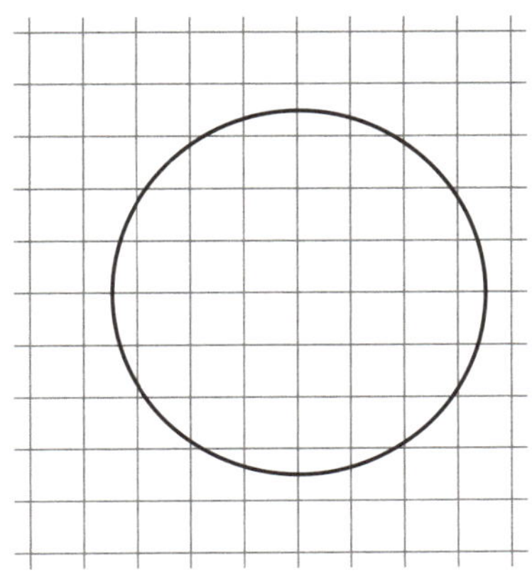

Welt der Zahl 3, Arbeitsheft · 978-3-507-04613-9

Name

zu Seite 99

1 Male die Figuren symmetrisch an.

a) 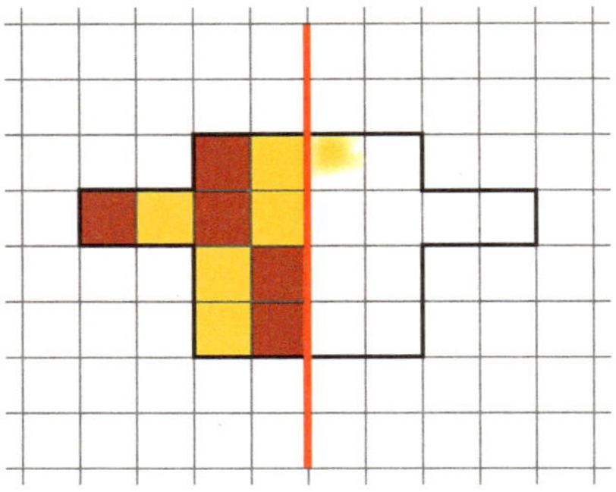

b) 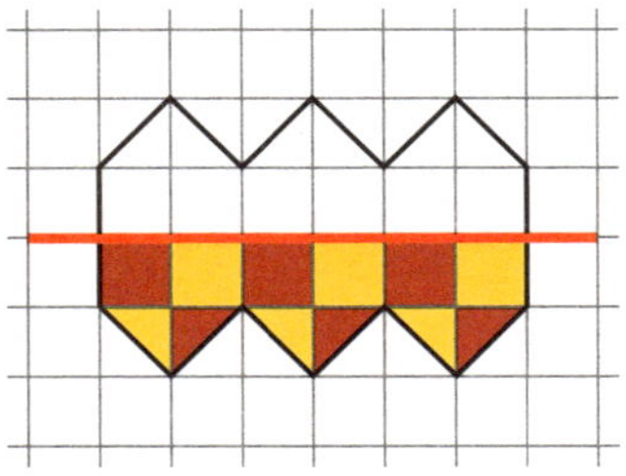

c) 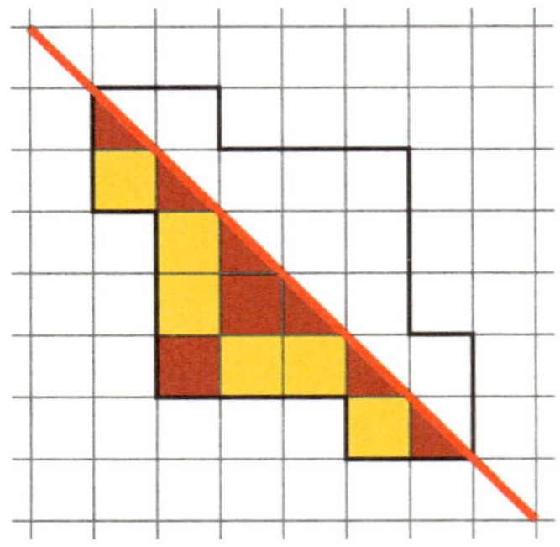

d) 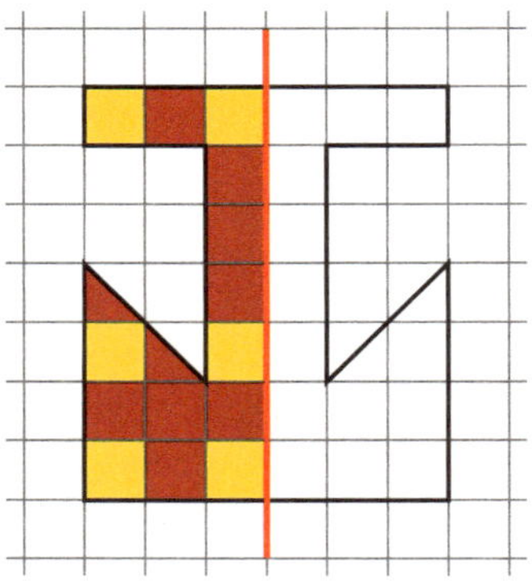

e) 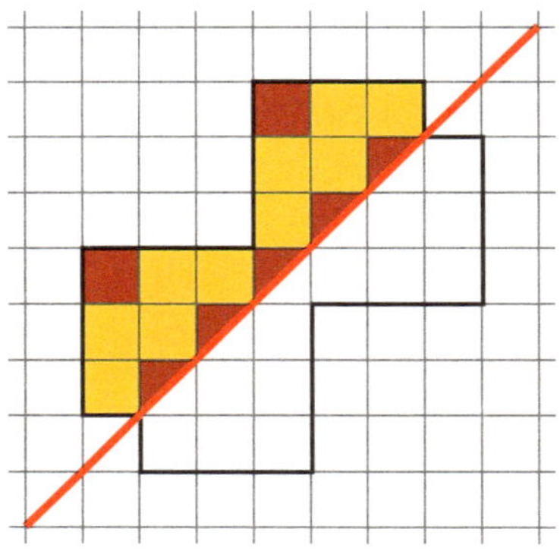

f) 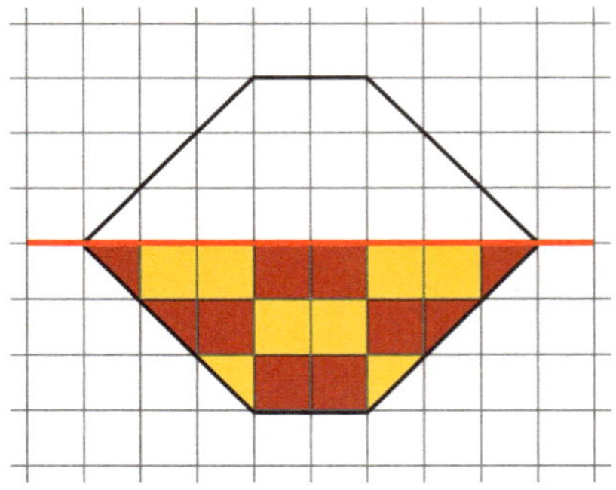

2 Spiegele die Figuren.

a) 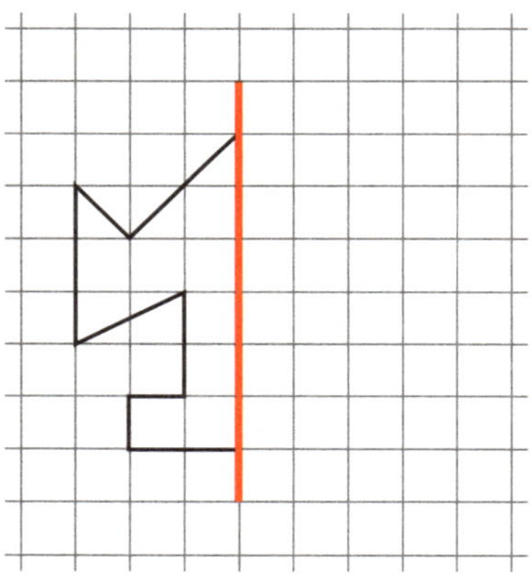

b) 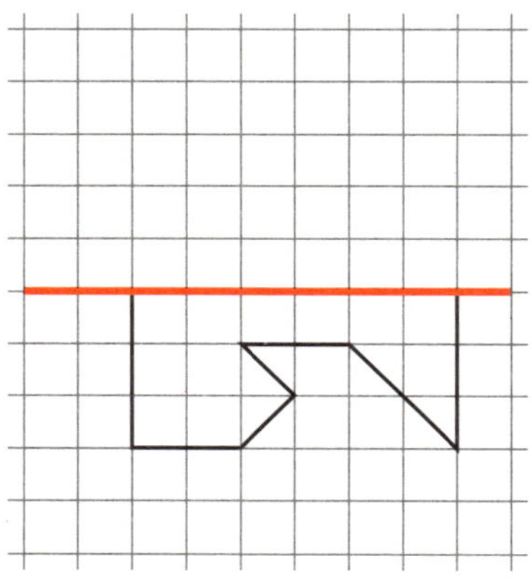

c) 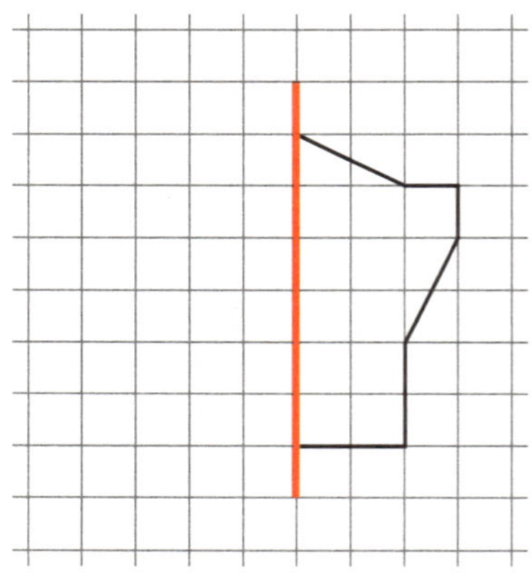

d) 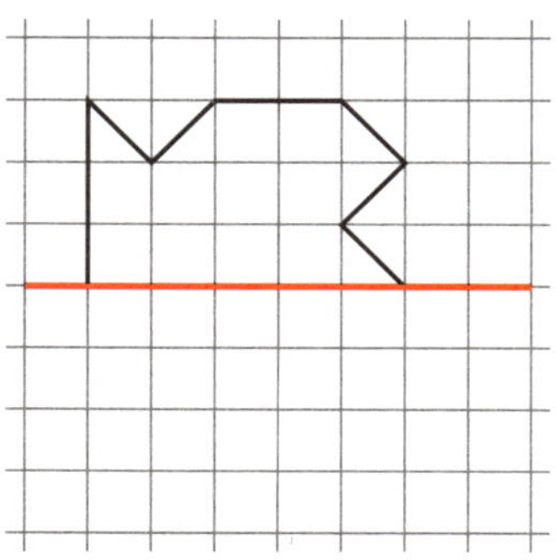

e) 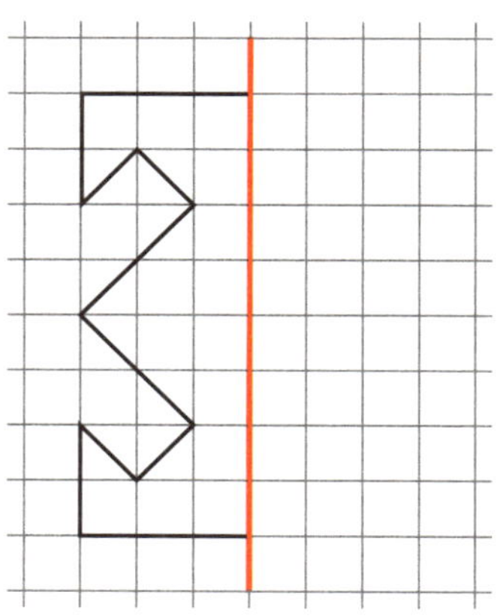

f) 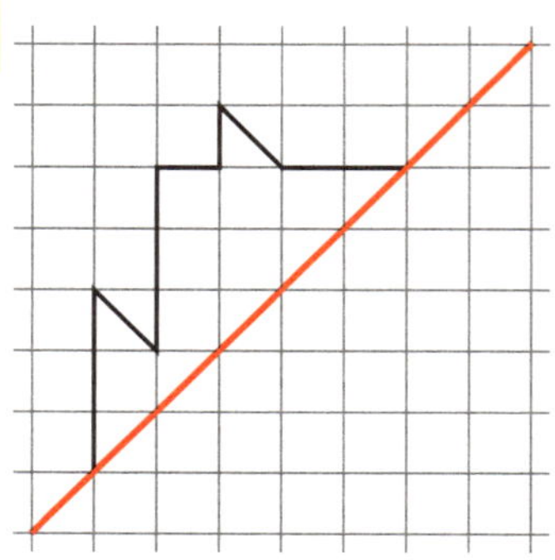

1 Wie viele Quadratzentimeter sind es?

a)

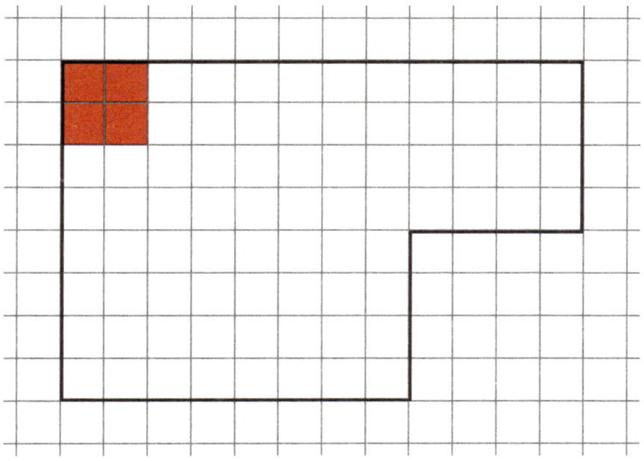

_____ Quadratzentimeter

b)

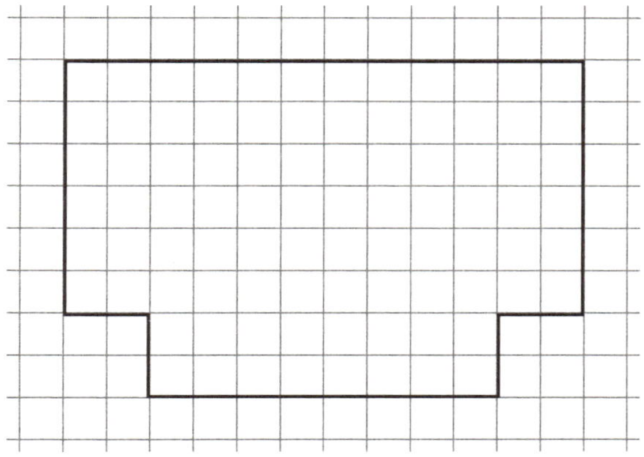

_____ Quadratzentimeter

2 Welches ist die größere Fläche? Schätze zuerst und kreuze an.
Dann bestimme die Anzahl der Quadratzentimeter.

a) ◯

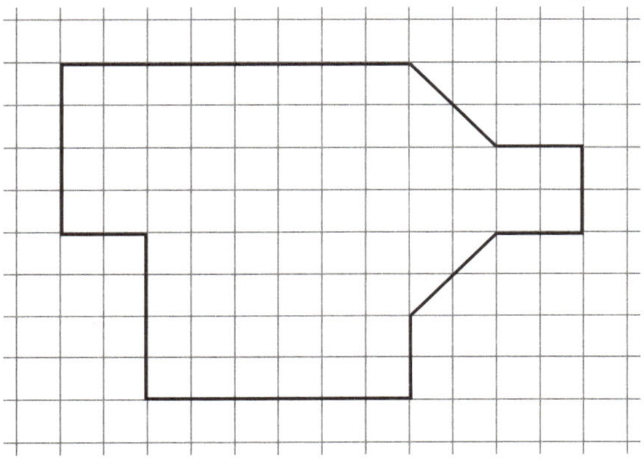

_____ Quadratzentimeter

b) ◯

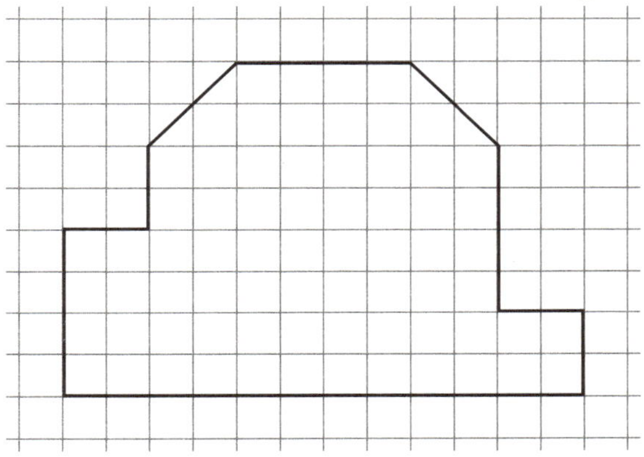

_____ Quadratzentimeter

3 Wie groß sind die Flächen? Zeichne Quadratzentimeter ein.

a)

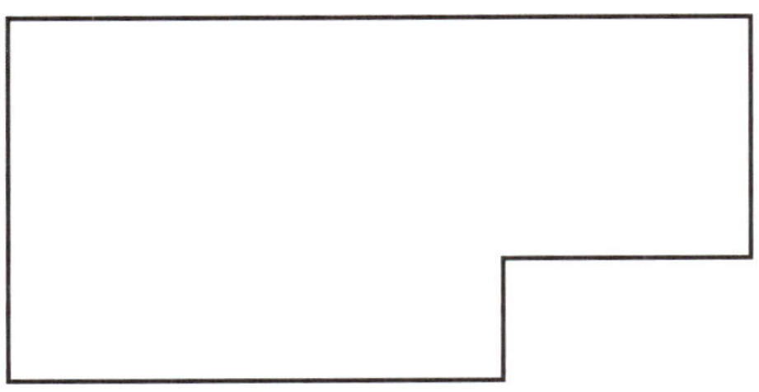

_____ Quadratzentimeter

b)

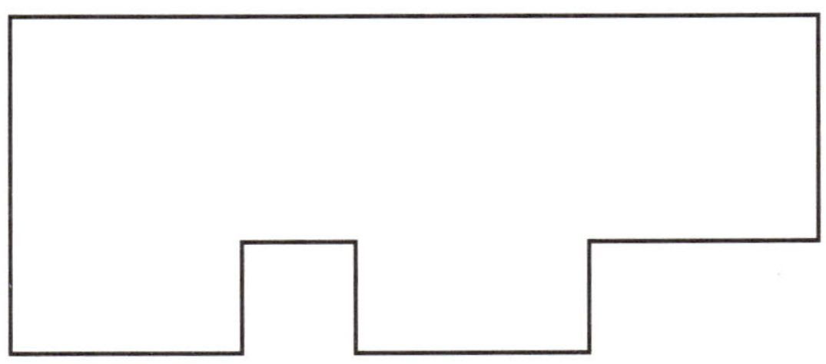

_____ Quadratzentimeter

4 Zeichne zwei verschiedene Flächen mit 12 Quadratzentimetern.

Welt der Zahl 3, Arbeitsheft · 978-3-507-04613-9

Schriftliches Subtrahieren

Name

zu den Seiten 105/106 bzw. 132/133

1 Subtrahiere. Zuerst die Einer, dann die Zehner, dann die Hunderter.

a)

	H	Z	E
	9	6	7
–	2	5	1
			6

b)

	H	Z	E
	6	9	3
–	2	7	1

c)

	H	Z	E
	4	8	5
–	1	6	3

d)

	H	Z	E
	5	4	8
–	3	1	8

e)

	H	Z	E
	7	8	9
–	5	4	6

2 Nun auch mit Übertrag. Immer zwei Ergebnisse sind gleich.

a)

	H	Z	E
	8	1	8
–	5	7	3

b)

	H	Z	E
	5	4	6
–	2	7	3

c)

	H	Z	E
	6	9	2
–		6	4

d)

	H	Z	E
	8	8	4
–	1	4	8

e)

	H	Z	E
	7	6	2
–	1	3	4

f)

	H	Z	E
	3	4	7
–	2	0	9

g)

	H	Z	E
	7	1	6
–	4	7	1

h)

	H	Z	E
	4	4	7
–	1	7	4

i)

	H	Z	E
	9	0	3
–	1	6	7

j)

	H	Z	E
	6	3	3
–	4	9	5

3 Schreibe stellengerecht untereinander, dann rechne.

a) 438 – 215
b) 876 – 63
c) 963 – 419
d) 838 – 95
e) 446 – 192
f) 938 – 564
g) 536 – 278
h) 712 – 463

a) b) c) d) e) f) g) h)

223 249 254 258 374 544 673 743 813

4 a) Subtrahiere 612 von 748.
b) Subtrahiere 411 von 497.
c) Addiere die beiden Ergebnisse.

a) b) c)

Im Kopf oder schriftlich?

Name ______

1 Im Kopf oder schriftlich? Wie geht es schneller? Entscheide bei jeder Aufgabe neu.
Alle Differenzen haben die Quersumme 12.

a) 560 – 35 = ____
427 – 46 = ____
999 – 96 = ____
302 – 11 = ____

b) 411 – 102 = ____
860 – 110 = ____
284 – 101 = ____
432 – 159 = ____

2 Auch hier haben alle Differenzen die Quersumme 12.

a) 666 – 222 = ____
854 – 500 = ____
781 – 499 = ____

b) 1000 – 97 = ____
1000 – 340 = ____
1000 – 394 = ____

3

a)	b)	c)	d)
645 – 302 = ____	573 – 210 = ____	465 – 199 = ____	627 – 499 = ____
427 – 202 = ____	886 – 340 = ____	875 – 399 = ____	627 – 498 = ____
863 – 503 = ____	976 – 560 = ____	668 – 299 = ____	627 – 497 = ____

128 129 130 225 266 343 360 363 369 416 476 546 576

4 a) Im Winterschlussverkauf wurde der Preis für eine Daunenjacke von 230 € um 65 € herabgesetzt.

F: ______________________________

____

L:

A: ______________________________

b) Der Preis für Skianzüge wurde von 320 € um 134 € herabgesetzt.

F: ______________________________

____

L:

A: ______________________________

Welt der Zahl 3, Arbeitsheft · 978-3-507-04613-9

Name

zu Seite 110

1 Wie viel Geld haben die Kinder nach ihrem Einkauf noch?

a) Amelie hat 11,00 € gespart.
Sie kauft

  1 1, 0 0 €
- 6, 4 5 €

Amelie hat dann noch ________.

b) Ümit hat 13,00 € gespart.
Er kauft

Ümit hat dann noch ________.

c) Nele hat 15,50 € gespart.
Sie kauft

Nele hat dann noch ________.

d) Josh hat 17,60 € gespart.
Er kauft

Josh hat dann noch ________.

2 Die Kunden zahlen immer mit einem 10-€-Schein.

a)
3,25 €
+ 4,80 €
____
____

  1 0, 0 0 €
-         €

Frau Kahl erhält ________ zurück.

b)
4,35 €
+ 2,99 €
____
____

Herr Berg erhält ________ zurück.

c)
2,29 €
+ 1,05 €
+ 3,91 €
____
____

Herr Koch erhält ________ zurück.

d)
5,15 €
+ 0,85 €
+ 2,70 €
____
____

Frau Schmidt erhält ________ zurück.

3 Mutter gibt Jule zwei 10-€-Scheine für ihren Einkauf.
a) Jule kauft Äpfel für 4,85 Euro.
b) Beim Metzger kauft Jule Aufschnitt für 7,65 Euro.
c) Zum Schluss möchte Jule ihrer Mutter einen kleinen Blumenstrauß mitbringen. Wie teuer darf der Strauß sein?

1 Die Kinder haben zu der Aufgabe einen Überschlag gemacht.
Wer ist am nächsten am genauen Ergebnis? Kreuze an.

743 – 378

Genau:

743
– 378

Fabio ______ ◯ Noah ______ ◯ Pauline ______ ◯

2 Überschlage zuerst. Rechne danach nur die Aufgaben, deren Differenzen zwischen 400 und 500 liegen.

a) 651 – 294
Ü: ______

b) 798 – 377
Ü: ______

c) 903 – 579
Ü: ______

d) 993 – 548
Ü: ______

e) 972 – 368
Ü: ______

f) 849 – 386
Ü: ______

3 Stimmt das? Schreibe einen Überschlag auf und kreuze an.

a) An der Lindgren Grundschule sind 318 Kinder. Toni weiß: Seine kleine Schwester gehört zu den 87 Erstklässlern. Er behauptet: „Im 2., 3. und 4. Schuljahr sind zusammen mehr als 250 Kinder."

Ü: ______ Es stimmt. ◯ Es stimmt nicht. ◯

b) Am Gymnasium gibt es 965 Schüler und Schülerinnen. Davon sind 531 Mädchen. Tamara behauptet: „Es gibt mehr Mädchen als Jungen."

Ü: ______ Es stimmt. ◯ Es stimmt nicht. ◯

WW

4 Welche Flächenform hat die Schnittfläche?

a)

______

b)
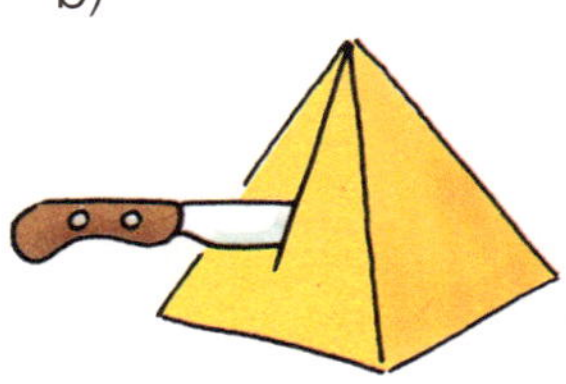
______

c)
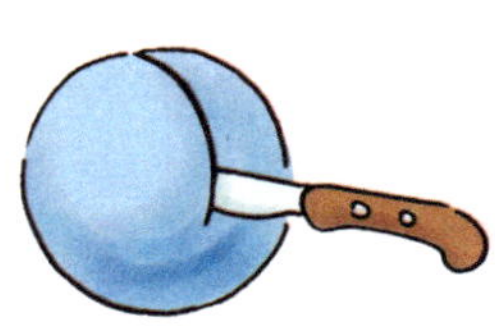
______

d)

______

Welt der Zahl 3, Arbeitsheft · 978-3-507-04613-9

Name

zu Seite 113

1 Suche zu den Ergebnissen die Buchstaben, die unten stehen. Ergänze dann den Text.

a)
3 · 60 = ____ ____
4 · 25 = ____ ____
10 · 80 = ____ ____
9 · 80 = ____ ____
5 · 90 = ____ ____
3 · 50 = ____ ____
9 · 30 = ____ ____
9 · 25 = ____ ____

b)
6 · 11 + 4 = ____ ____
8 · 25 − 5 = ____ ____
9 · 11 + 9 = ____ ____
7 + 5 · 25 = ____ ____
4 + 8 · 12 = ____ ____
4 + 2 · 90 = ____ ____

Bist du schon einmal mit einem Flugzeug geflogen? An der Informationstafel im Flughafen kannst du ablesen, wo sich der Check-in a) ______________ für deinen Flug befindet.

c)
9 · 12 = ____ ____
8 · 90 = ____ ____
9 · 20 = ____ ____
6 · 30 = ____ ____

d)
9 · 90 + 18 = ____ ____
3 · 40 + 15 = ____ ____
5 · 50 − 25 = ____ ____
8 · 80 − 40 = ____ ____
4 + 3 · 60 = ____ ____
90 + 9 · 70 = ____ ____
25 + 8 · 25 = ____ ____
10 + 7 · 70 = ____ ____
15 + 9 · 20 = ____ ____

An diesem Schalter gibst du dein b) ______________ auf. Du zeigst deinen c) ______________ und bekommst deine d) ______________ für das Flugzeug.

e)
700 − 520 = ____ ____
300 − 108 = ____ ____
819 − 719 = ____ ____
920 − 120 = ____ ____
500 − 305 = ____ ____
725 − 500 = ____ ____
405 + 395 = ____ ____
1000 − 730 = ____ ____
500 − 308 = ____ ____
809 − 309 = ____ ____
73 + 107 = ____ ____
80 + 104 = ____ ____
230 + 106 = ____ ____
200 + 205 = ____ ____
47 + 103 = ____ ____
725 − 500 = ____ ____
440 − 104 = ____ ____
302 + 400 = ____ ____
900 − 198 = ____ ____
400 − 205 = ____ ____

Bevor du das Flugzeug allerdings betreten darfst, musst du durch die e) ______________ gehen. Im Flugzeug zeigt dir dann ein f) ______________ oder eine Stewardess deinen Sitzplatz. Guten Flug!

f)
1000 − 820 = ____ ____
1000 − 850 = ____ ____
420 − 150 = ____ ____
501 − 129 = ____ ____
910 − 190 = ____ ____
630 − 405 = ____ ____
302 + 298 = ____ ____

70	100	108	132	135	150
G	C	P	Ä	O	T

180	184	192	195	225	270	336	372
S	K	I	E	R	E	O	W

405	450	500	525	600	702	720	800	828
N	L	T	R	D	L	A	H	B

1

Glücksrad 1

Glücksrad 2

Glücksrad 3

Beim Schulfest der Regenbogenschule können die Schüler an Glücksrädern drehen und Preise gewinnen.

a) Niklas und Anne überlegen, auf welche Farbe sie bei Glücksrad 1 setzen sollen. Was meinst du? Begründe deine Meinung.

____

____

b) Du willst gewinnen. Auf welche Farbe setzt du bei Glücksrad 2? ____________

c) Du gehst zu Glücksrad 3. Welche Farbe wählst du auf keinen Fall? ____________

2 Färbe die Glücksräder so ein, dass sie dieselben Gewinnchancen haben wie im Beispiel.

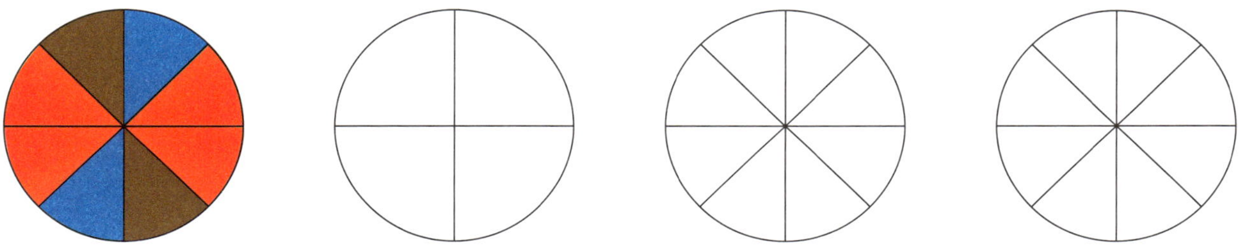

3 Nimm drei Plättchen heraus. Möglich, sicher, unmöglich?

a) Ein Plättchen ist grün. ____________

b) Zwei Plättchen sind rot. ____________

c) Alle Plättchen sind blau. ____________

d) Die Plättchen haben mindestens zwei verschiedene Farben. ____________

4 Nimm vier Plättchen heraus. Möglich, sicher, unmöglich?

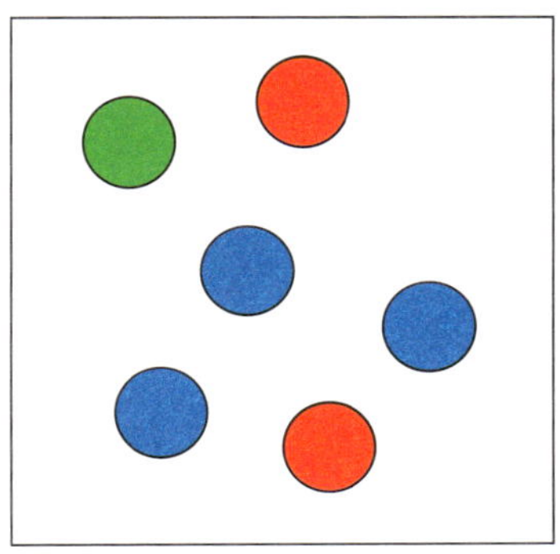

a) Ein Plättchen ist grün. ____________

b) Zwei Plättchen sind rot. ____________

c) Alle Plättchen sind blau. ____________

d) Die Plättchen haben mindestens zwei verschiedene Farben. ____________

Welt der Zahl 3, Arbeitsheft · 978-3-507-04613-9

Dividieren großer Zahlen

Name

zu Seite 120

1 Maxi und Mini springen gemeinsam.
Maxi macht 40er-Sprünge, Mini 4er-Sprünge.

a) Bei welchen Maxi-Zahlen treffen sich die beiden?
Finde fünf Zahlen.

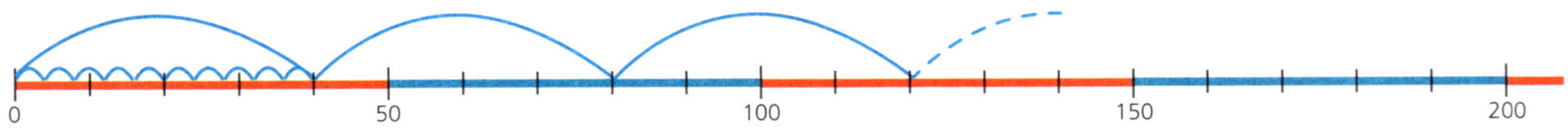

Maxi und Mini: 40, ____, ____, ____, ____, ____

b) Wie viele Sprünge sind es für Maxi und Mini?
Schreibe passende Divisionsaufgaben.

120	240	400
Maxi 120 : 40 = ____	Maxi ____	Maxi ____
Mini 120 : 4 = ____	Mini ____	Mini ____

2 Maxi und Mini sind in Topform. Maxi macht 70er-Sprünge, Mini 7er-Sprünge.
Wie viele Sprünge machen sie? Schreibe passende Divisionsaufgaben.

70	280	490
Maxi 70 : 70 = ____	Maxi ____	Maxi ____
Mini ____	Mini ____	Mini ____

3 Maxi schafft 80er-Sprünge, Mini 8er-Sprünge.

400	720	320
Maxi ____	Maxi ____	Maxi ____
Mini ____	Mini ____	Mini ____

4

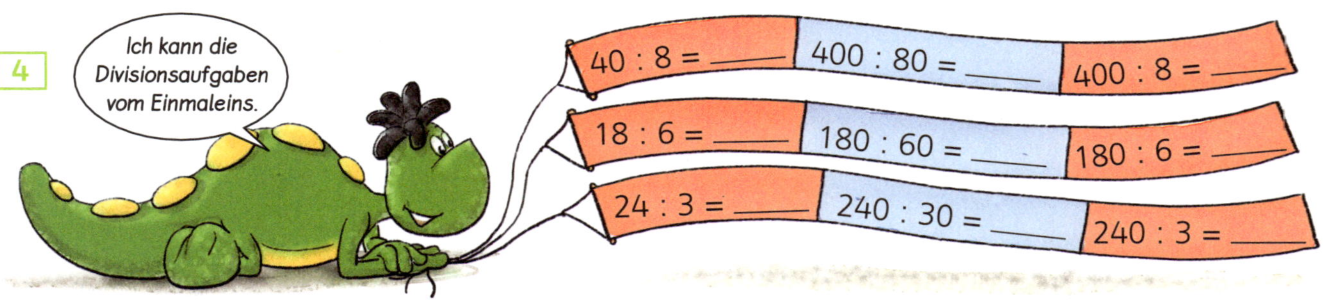

5 Schreibe die beiden anderen Divisionsaufgaben wie bei Aufgabe 4.

a) 32 : 4 = ____

____
____

b) 27 : 3 = ____

____
____

c) 48 : 8 = ____

____
____

d) 72 : 9 = ____

____
____

Halbschriftliches Dividieren

1 a) Zu jeder Aufgabe passt eine Maxi-Zahl. Verbinde.

430 : 5 | 255 : 5 | 165 : 5 | 320 : 5 | 130 : 5

400 | 150 | 250 | 100 | 300

b) Rechne alle Aufgaben.

430 : 5 =

255 : 5 =

2 Mini springt in 6er-Sprüngen. Bis zu welcher Maxi-Zahl springt sie zuerst?

a) 252 : 6 =
240 : 6 =
12 : 6 =

b) 318 : 6 =

c) 444 : 6 =

3 Suche zuerst die Maxi-Zahl.

a) 464 : 8 = ____ b) 265 : 5 = ____ c) 378 : 7 = ____

464 : 8 =

4 a) 651 : 7 = ____ b) 144 : 3 = ____ c) 378 : 9 = ____

5 a) 205 : 5 = ____
195 : 5 = ____

b) 568 : 8 = ____
552 : 8 = ____

c) 324 : 4 = ____
316 : 4 = ____

Welt der Zahl 3, Arbeitsheft · 978-3-507-04613-9

Halbschriftliches Dividieren

Name

zu Seite 122

1 a) 291 : 3 = ___ b) 332 : 4 = ___ c) 325 : 5 = ___

291 : 3 =

270 : 3 =
21 : 3 =

2 a) 408 : 8 = ___ b) 182 : 2 = ___ c) 246 : 6 = ___ d) 208 : 4 = ___

392 : 8 = ___ 178 : 2 = ___ 234 : 6 = ___ 192 : 4 = ___

3 Die Maxi-Zahlen sind jetzt Hunderter.

a) 636 : 6 = ___ b) 824 : 8 = ___ c) 742 : 7 = ___

4 a) 330 : 3 = ___ b) 408 : 4 = ___ c) 510 : 5 = ___ d) 312 : 3 = ___

630 : 3 = ___ 440 : 4 = ___ 600 : 5 = ___ 360 : 3 = ___

690 : 3 = ___ 840 : 4 = ___ 800 : 5 = ___ 603 : 3 = ___

960 : 3 = ___ 480 : 4 = ___ 650 : 5 = ___ 390 : 3 = ___

5

Reifen	Preis
4	
1	
2	

6

URLAUB
7 Nächte
auf dem Bauernhof
252 €

Nächte	Preis
7	
1	
4	

WW

7 a) 8 · 7 = ___ b) 9 · 9 = ___ c) 4 · 8 = ___ d) 7 · 7 = ___

5 · 6 = ___ 7 · 4 = ___ 9 · 6 = ___ 5 · 9 = ___

9 · 3 = ___ 6 · 3 = ___ 3 · 7 = ___ 4 · 6 = ___

8 a) 45 : 9 = ___ b) 63 : 9 = ___ c) 35 : 7 = ___ d) 90 : 9 = ___

24 : 8 = ___ 25 : 5 = ___ 81 : 9 = ___ 18 : 3 = ___

32 : 4 = ___ 56 : 8 = ___ 42 : 6 = ___ 36 : 4 = ___

zu Seite 124

Welt der Zahl 3, Arbeitsheft · 978-3-507-04613-9

Dividieren mit Geld

1 Wie teuer ist ein Stück Kuchen?

a) Sachertorte ____________

b) Schokotraum ____________

c) Apfeltorte ____________

d) Mandeltorte ____________

Konditorei Anderson

4 Stück Sachertorte	12,40 €
8 Stück Schokotraum	20,00 €
2 Stück Apfeltorte	5,20 €
12 Stück Mandeltorte	24,60 €

2 Sophie bezahlt für vier Stücke Nusstorte 10 €.

F: ______________________________

____

A: ______________________________

____

L:

3 Lucy geht mit 20 € in die Konditorei.
Sie kauft sechs Stücke Mandarinentorte.
Sie bekommt 4,40 € zurück.

F: ______________________________

____

A: ______________________________

____

L:

4

a) Joghurt-Sahne-Torte

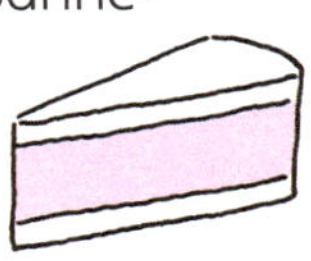

Anzahl	Preis
1	
2	
4	11,20 €

b) Schwäbische Apfeltorte

Anzahl	Preis
1	
2	
4	12,40 €

c) Kirschtorte mit Baiser

Anzahl	Preis
1	
3	
6	18,60 €

Dividieren mit Rest

Name

zu Seite 125

1 a) 315 : 6 = ______ b) 418 : 6 = ______

3 1 5 : 6 =

2 a) 2 9 6 : 5 = b) 3 0 8 : 5 =

c) 5 3 1 : 7 = d) 1 1 1 : 7 =

3 Frau Schneider hat 220 Murmeln gekauft. Sie möchte die Murmeln an ihre 3 Kinder verteilen.

F: ______________________________

L:

A: ______________________________

4 Kreise die Zahlen ein, bei denen beim Dividieren kein Rest bleibt.

a)

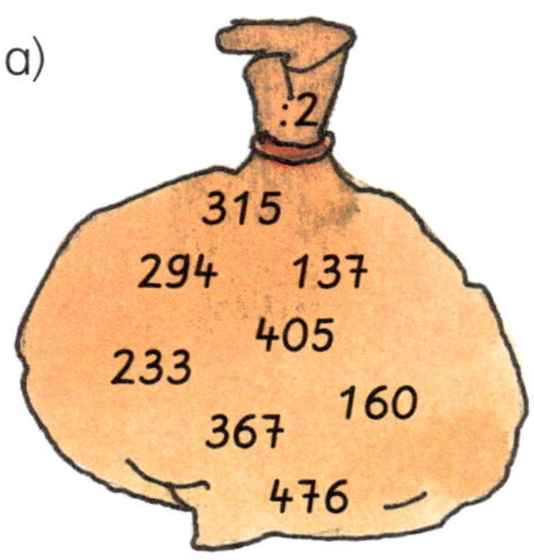

b)

c)

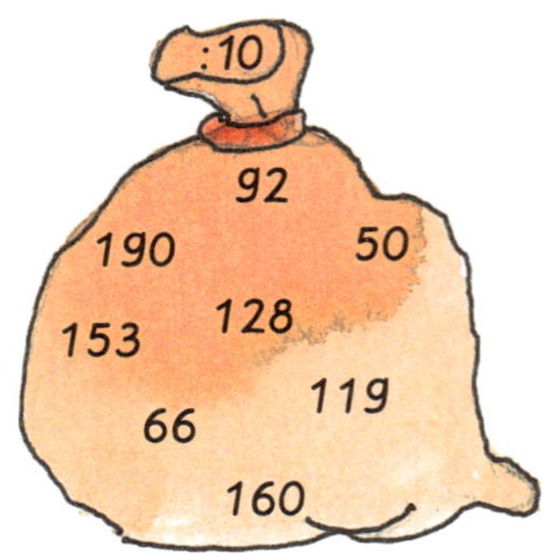

WN

5 a) 387 + 47 = ______ b) 498 + 376 = ______ c) 92 + 789 = ______ d) 139 + 563 = ______

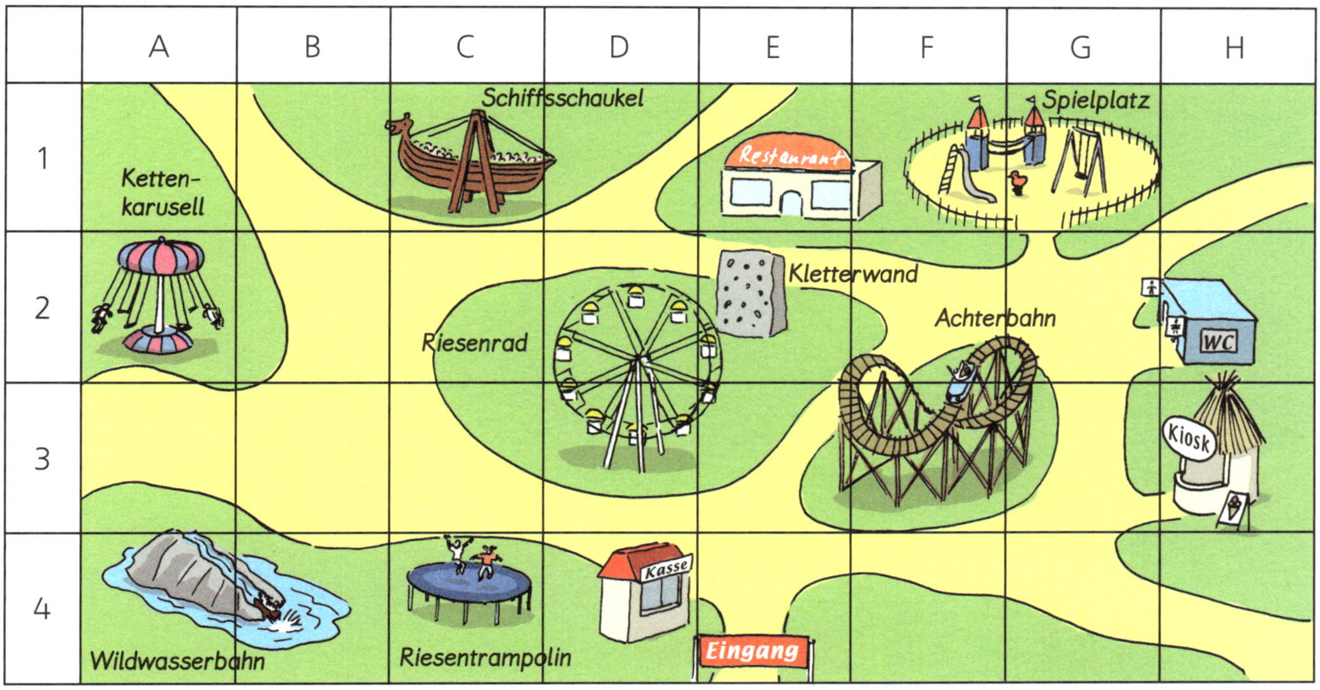

1 Anna geht in den Freizeitpark. Sie möchte zuerst mit der Schiffsschaukel fahren und sich dann am Kiosk ein Eis holen. An welchen Attraktionen kommt sie noch vorbei?

____

2 Tim kommt vom Spielplatz und möchte zur Wildwasserbahn. Suche einen Weg.

____

3 Schreibe die Quadrate auf.

Riesentrampolin ________ Kettenkarussel ________ Kasse ________

Kiosk ________ Kletterwand ________ WC ________

4 Wo standen die Kinder, als sie diese Fotos gemacht haben?
Zeichne an jede Stelle ein Kreuz in den Plan und schreibe den Buchstaben dazu.

a) 

b) 

c) 

d) 

5 Lara möchte alle Attraktionen besuchen. Schreibe einen Weg auf, den sie gehen kann.

____

____

____

Welt der Zahl 3, Arbeitsheft · 978-3-507-04613-9

Bauen und zählen, Bauen nach Plan

Name

zu Seite 130

1 Wie viele Würfel sind es? Schreibe verschiedene Rechnungen auf.

a) 

Es sind ______ Würfel.

b) 

Es sind ______ Würfel.

c) 

Es sind ______ Würfel.

2 a) Wie viele Würfel sind es?
b) Aus wie vielen Würfeln würde das vierte Bild bestehen?

A 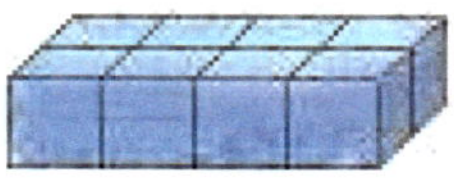

______ Würfel

B 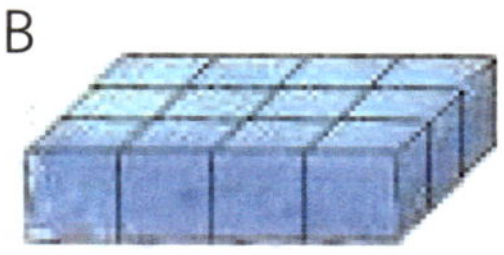

______ Würfel

C 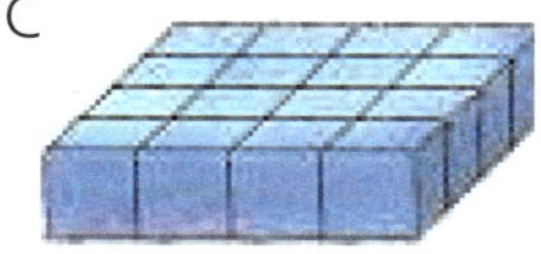

______ Würfel

D ?

______ Würfel

3 Schreibe zu diesen Gebäuden Baupläne.

a) 

b) 

c) 

d) 

Welt der Zahl 3, Arbeitsheft · 978-3-507-04613-9

1 Sara möchte aus kleinen Würfeln einen großen bauen. Wie viele Würfel braucht sie noch?

a)

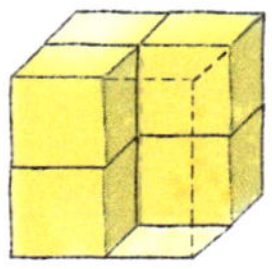

Sie braucht noch _____ Würfel.

b)

Sie braucht noch _____ Würfel.

c)

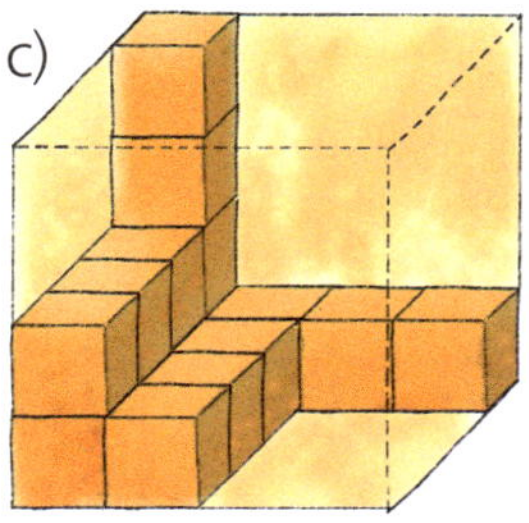

Sie braucht noch _____ Würfel.

2 Welche Teile ergeben zusammengesetzt einen Quader? Verbinde.

3 Wer hat welchen Plan gezeichnet? Welche Pläne fehlen? Zeichne sie.

2 2 3 1
2 1 2 1

_____

1 1
3 2
2 1
2 2

_____

_____

_____

4 Der Würfel wurde zweimal gekippt. Nach vorne, nach hinten, nach rechts oder nach links?

a)

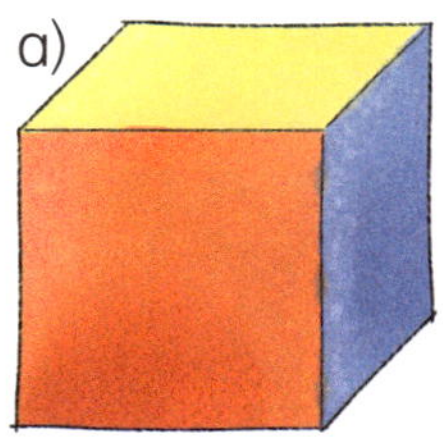

nach _____

und nach _____

b)

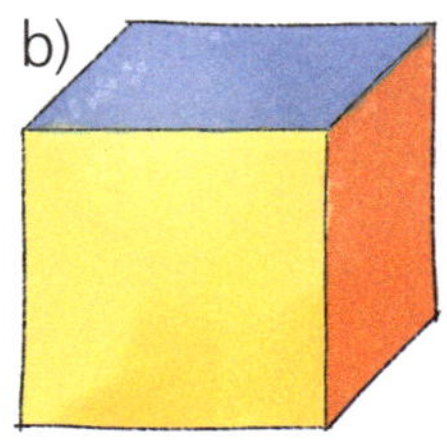

nach _____

und nach _____

c)

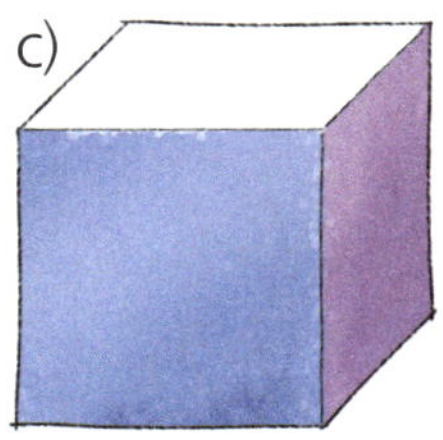

nach _____

und nach _____

d)

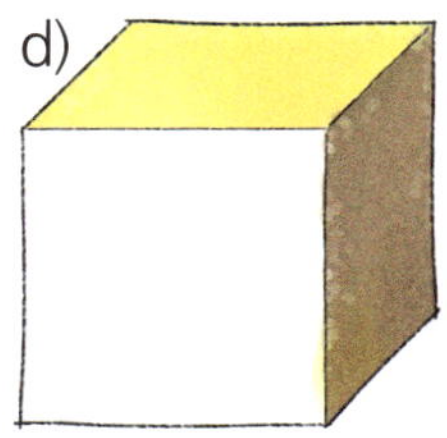

nach _____

und nach _____

zu Seite 131

1 In der Mitte des Labyrinths findest du die Zahl 1000. Finde Wege in diesem Labyrinth, die als Summe von außen bis zum Erreichen der Mitte 1000 ergeben. Insgesamt gibt es 4 Wege.

___ + ___ + ___ + ___ + ___ = 1000

___ + ___ + ___ + ___ + ___ = 1000

____

____

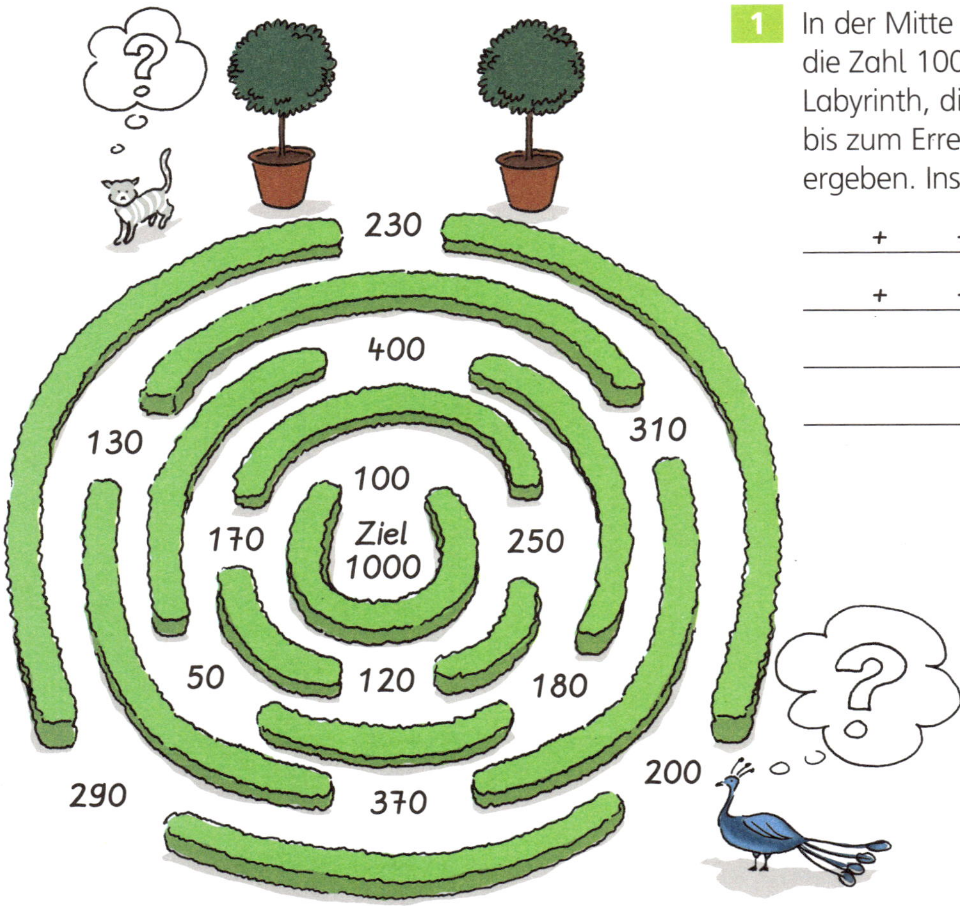

Würfel-Rätsel

2 Immer derselbe Würfel. Welches Symbol steht auf der unteren Fläche?

a)  b)  c)  d) 

Unterseite:

a) ☐ b) ☐ c) ☐ d) ☐

Das ist das Würfelnetz. Fülle es aus.

3 a)  b)  c)  d) 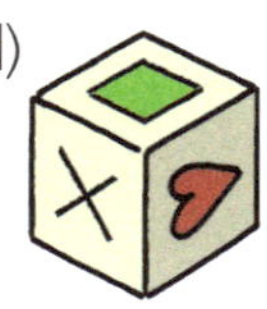

Unterseite:

a) ☐ b) ☐ c) ☐ d) ☐

Fülle das Netz aus.

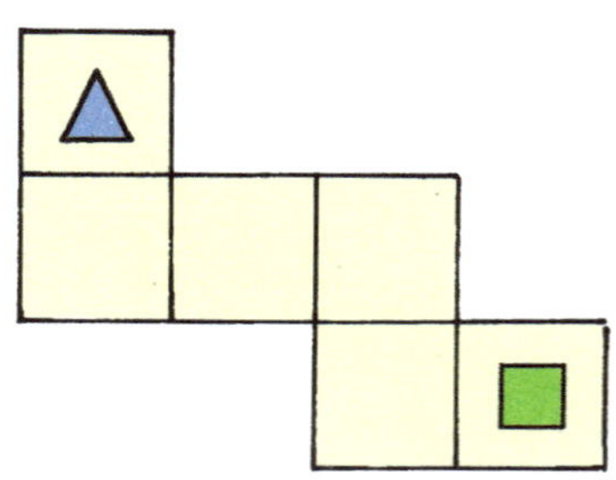

zu Seite 134

Den Zahlenraum bis 1000 kennen

1 Welche Zahlen sind es? Trage sie in die Ballons ein.

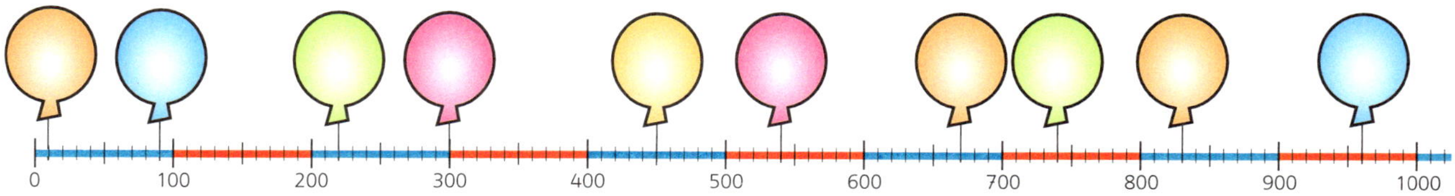

2 Kleiner oder größer? Setze ein: <, > oder =

a) 176 ◯ 171
189 ◯ 193
123 ◯ 132

b) 280 ◯ 218
415 ◯ 415
997 ◯ 969

c) 553 ◯ 535
648 ◯ 548
784 ◯ 874

d) 706 ◯ 760
872 ◯ 782
333 ◯ 388

3 Bestimme Vorgänger (V), Nachfolger (N), Nachbarzehner (NZ) und Nachbarhunderter (NH).

NH	NZ	V	**Zahl**	N	NZ	NH
			249			
			775			
		841				
				387		
		387				
				998		

Kopfrechnen im Zahlenraum bis 1000

4
a) 140 + 220 = ____
730 + 190 = ____
430 + 210 = ____
540 + 320 = ____

b) 770 + 210 = ____
160 + 745 = ____
500 + 328 = ____
446 + 440 = ____

c) 862 − 110 = ____
610 − 340 = ____
720 − 250 = ____
830 − 150 = ____

d) 672 − 510 = ____
340 − 120 = ____
791 − 620 = ____
983 − 460 = ____

5 Ergänze.

a) 90 + ____ = 100
390 + ____ = 1000

b) 40 + ____ = 100
640 + ____ = 1000

c) 70 + ____ = 100
570 + ____ = 1000

d) 76 + ____ = 100
476 + ____ = 1000

e) 82 + ____ = 100
882 + ____ = 1000

f) 34 + ____ = 100
734 + ____ = 1000

6
a) Bilde die Summe aus den Zahlen 280 und 450.

____

b) Bilde die Differenz aus den Zahlen 910 und 530.

____

c) Bilde das Produkt aus den Zahlen 70 und 9.

____

Welt der Zahl 3, Arbeitsheft · 978-3-507-04613-9

Name

zu Seite 135

1 Addiere schriftlich.

a) 324 + 453 = ____

b) 463 + 387 = ____

c) 510 + 175 = ____

d) 606 + 338 = ____

e) 266 + 37 = ____

f) 178 + 226 = ____

2 Subtrahiere schriftlich.

a) 725 − 218 = ____

b) 826 − 354 = ____

c) 917 − 555 = ____

d) 630 − 418 = ____

e) 412 − 275 = ____

f) 1000 − 402 = ____

3 Vom kleinen Einmaleins zum Zehnereinmaleins.

a) $3 \cdot 6 =$ ____ ; $30 \cdot 6 =$ ____

b) $7 \cdot 9 =$ ____ ; $70 \cdot 9 =$ ____

c) $8 \cdot 8 =$ ____ ; $80 \cdot 8 =$ ____

d) $6 \cdot 5 =$ ____ ; $60 \cdot 5 =$ ____

e) $5 \cdot 7 =$ ____ ; $50 \cdot 7 =$ ____

4

a) $45 : 5 =$ ____ ; $450 : 5 =$ ____ ; $450 : 50 =$ ____

b) $54 : 9 =$ ____ ; $540 : 9 =$ ____ ; $540 : 90 =$ ____

c) $21 : 7 =$ ____ ; $210 : 7 =$ ____ ; $210 : 70 =$ ____

d) $32 : 8 =$ ____ ; $320 : 8 =$ ____ ; $320 : 80 =$ ____

Größen

5 Geld.

a) Schreibe mit Komma.

100 € 27 ct = ____ 52 € 4 ct = ____ 75 ct = ____

b) Fülle die Tabelle aus.

Anzahl	1	2	4	5	10
Preis	55 ct				

6 Gewichte. Ergänze auf 1 kg.

500 g	430 g	70 g	280 g	660 g	707 g	$\frac{3}{4}$ kg

7 Längen.

a) Schreibe mit Komma.

526 cm = ____ 3 m 14 cm = ____ 85 cm = ____

b) $\frac{1}{2}$ km = ____ m $\frac{1}{2}$ cm = ____ mm $\frac{1}{2}$ m = ____ cm